自動車への展開を見据えた
ガラス代替樹脂開発

Development of Transparent Polymers as Alternative of Glass for Automotive Materials

監修:西井 圭
Supervisor : Kei Nishii

シーエムシー出版

はじめに

　近年，産業構造や生活スタイルの著しい変化で，我が国のモノづくり戦略の転換ができず，産業の国際競争力が低下している。そこで，これらの問題を改善するため政府のリーダーシップの下，大学や企業が取り組む「革新的研究開発推進プログラム，Im PACT」と呼ばれる「国家重点プロジェクト」が発足し進められている。その研究領域の一つに自動車部品などの飛躍的向上を目指したプログラムがある。本プログラムにおいても「透明樹脂」の研究が注目されており，高透明性でありながら高剛性・高強靭性を必要とする自動車の前面窓部材への展開が期待されている。この場合，軽量化による省エネルギー化だけでなく，視野拡大による安全性の向上という新たな要求も見込まれている。

　一方，成形性，軽量性などに優れたポリメチルメタクリレート（PMMA）樹脂やポリカーボネート（PC）樹脂を代表とする透明樹脂は，無機ガラス代替光学材料として知られ，幅広く使用されている。しかし，前述の自動車産業や情報産業のさらなる発展により，革新的な新規光学樹脂の研究・開発が強く求められている。

　透明樹脂の光学特性を制御し，高性能化を実現するためには，樹脂の化学構造，高次構造と光学特性の関係を理解していく必要がある。樹脂の構造と光学特性の関係を理解することにより，効率的な高機能透明樹脂の分子設計，材料開発が可能となる。また，次世代革新技術を担う材料として透明樹脂を成長させるためには，用途展開についての議論，そこで要求される性能の明確化も必要である。

　本書はガラス代替透明樹脂の基礎から最新の材料開発技術，さらに今後の応用展開について網羅している。本書の著者は，いずれも第一線で活躍されており，お忙しいなか，執筆を快諾していただいた。第1章はガラス代替樹脂開発が中心であり，光学特性制御，高性機能透明樹脂の開発，設計等に必要な基礎知識について述べられている。第2章では，ハードコート技術として，耐摩耗性や耐擦傷性の向上を実現した最新の材料開発技術について解説していただいた。第3章では，自動車への展開として，樹脂グレージング技術，自動車用ガラス代替樹脂の評価・分析手法などの研究開発が紹介されている。

　本書が，次世代技術を担う高機能透明樹脂の研究開発や新たな発展をもたらす一助となれば幸いである。

　2018年11月

小山工業高等専門学校

西井　圭

―――― 執筆者一覧（執筆順） ――――

西　井　　圭　小山工業高等専門学校　物質工学科　准教授

山　田　保　治　岩手大学　理工学部　客員教授

松　本　章　一　大阪府立大学大学院　工学研究科　物質・化学系専攻　応用化学分野
　　　　　　　　教授

高　田　健　司　北陸先端科学技術大学院大学　先端科学技術研究科
　　　　　　　　環境・エネルギー領域　特任助教

金　子　達　雄　北陸先端科学技術大学院大学　先端科学技術研究科
　　　　　　　　環境・エネルギー領域　教授

千　葉　一　生　山形大学　大学院理工学研究科

松　村　吉　将　山形大学　大学院理工学研究科　物質化学工学専攻　助教

落　合　文　吾　山形大学　大学院理工学研究科　物質化学工学専攻　教授

安　田　理　恵　大阪ガスケミカル㈱　ファイン材料事業部　製品開発部

宮　内　信　輔　大阪ガスケミカル㈱　ファイン材料事業部　製品開発部　部長

熊　野　　岳　四国化成工業㈱　機能材料チーム　リーダー

伊　掛　浩　輝　日本大学　理工学部　物質応用化学科　准教授

山　本　泰　生　ハクスイテック㈱　コーポレート・クリエイチャー事業部　フェロー

大　越　昌　幸　防衛大学校　電気情報学群　電気電子工学科　教授

野　尻　秀　智　㈱レニアス　開発設計 Group　Chief Engineer

久　保　修　一　イビデン㈱　技術開発本部　常務執行役員，技術開発本部長

髙　田　泰　廣　DIC㈱　分散第二技術本部　分散技術 8 グループ　マネジャー

村　口　　良　日揮触媒化成㈱　R&D センター　ファイン研究所　研究所長

桐　原　　修　HAEWON T&D Ltd.　顧問

宮　保　　淳　アルケマ㈱　取締役副社長

清　水　　博　㈱HSP テクノロジーズ　代表取締役社長

岩　井　和　史　㈱レニアス　開発設計 Group　シニアエンジニア

目　次

第1章　ガラス代替樹脂開発

1　高機能透明樹脂の設計と合成技術
　………………………… 西井　圭 … 1
　1.1　はじめに ………………………… 1
　1.2　スカンジウム錯体触媒系を用いた高
　　　機能透明樹脂の合成 ……………… 2
　1.3　チタン錯体触媒系を用いた高機能透
　　　明樹脂の合成 …………………… 4
　1.4　まとめと展望 …………………10

2　シリカ複合化による透明樹脂の高機能化
　　とガラス代替樹脂への応用
　………………………… 山田保治 …12
　2.1　はじめに …………………………12
　2.2　シリカ複合化による透明樹脂の高機
　　　能化 ………………………………12
　2.3　ガラス代替樹脂への応用 ………18
　2.4　おわりに …………………………21

3　アクリル系透明耐熱ポリマーの材料設計
　………………………… 松本章一 …23
　3.1　はじめに …………………………23
　3.2　アダマンチル基の導入による耐熱性
　　　アクリルポリマーの設計 …………23
　3.3　ポリ置換メチレン構造を利用した耐
　　　熱ポリマーの設計 ………………28
　3.4　マレイミドを用いた耐熱性ポリマー
　　　の設計 ……………………………35
　3.5　ポリマレイミドを含む有機無機ハイ
　　　ブリッドの合成 …………………38
　3.6　おわりに …………………………42

4　高強度・高耐熱・高透明性バイオプラス
　　チックの開発

　………………… 高田健司, 金子達雄 …45
　4.1　はじめに …………………………45
　4.2　芳香族バイオポリエステル ………45
　4.3　芳香族バイオポリイミド …………46
　4.4　芳香族バイオポリアミド …………50
　4.5　おわりに―今後の展望― …………52

5　架橋構造の制御による折り曲げられる新
　　規透明強靱ポリマーの開発
　…… 千葉一生, 松村吉将, 落合文吾 …54
　5.1　緒言 ………………………………54
　5.2　大環状構造を形成する重合 ………55
　5.3　強靱ポリマーネットワークの合成と
　　　フィルムの作製 …………………56
　5.4　透明強靱性フィルムの力学特性 ……56
　5.5　終わりに …………………………59

6　フルオレンによる樹脂の高屈折, 高耐熱
　　化 ……………… 安田理恵, 宮内信輔 …60
　6.1　はじめに …………………………60
　6.2　フルオレンとは …………………60
　6.3　屈折率と耐熱性を高めるには ………61
　6.4　高屈折率, 高耐熱樹脂 ……………63
　6.5　おわりに …………………………67

7　透明・耐熱性樹脂改質剤：イソシアヌル
　　酸, グリコールウリル誘導体
　………………………… 熊野　岳 …68
　7.1　開発の背景 ………………………68
　7.2　イソシアヌル酸, グリコールウリル
　　　誘導体の特徴 ……………………68
　7.3　使用方法 …………………………69
　7.4　イソシアヌル酸誘導体 ……………70

7.5 TG-G（エポキシタイプ）…………70
7.6 TS-G（チオールタイプ）…………71
7.7 TM-2（メタクリルタイプ）………73
7.8 TA-G（アリルタイプ）……………74
7.9 今後の展開 ………………………74
8 ポリイミド／シリカハイブリッド材料の透明性とシリカナノ分散化技術
　　……………… **伊掛浩輝** …75
8.1 はじめに ……………………………75
8.2 ポリイミド／シリカハイブリッド材料の作製 ………………………76
8.3 物性測定装置および測定条件 ………79
8.4 ポリイミド／シリカハイブリッド材

料の物性測定 ……………………79
8.5 おわりに …………………………89
9 ZnOナノ粒子による樹脂窓材料の赤外線，紫外線遮蔽性向上について
　　……………… **山本泰生** …91
9.1 はじめに ……………………………91
9.2 導電性酸化亜鉛 ……………………91
9.3 塗布膜の分光透過率・反射率・吸収率 ……………………………93
9.4 蒸着膜の分光透過率・反射率・吸収率 ……………………………94
9.5 今後の課題と展望 …………………96

第2章　ハードコート技術

1 ハードコートのレーザー誘起光化学表面改質による耐摩耗性の付与とガラス代替窓材への応用
　　…………… **大越昌幸，野尻秀智** …99
1.1 はじめに ……………………………99
1.2 光化学表面改質の原理 ……………100
1.3 シリコーンハードコートの光化学表面改質とPC窓材への応用 ………101
1.4 SiO$_2$改質層の内部応力の低減と耐熱性の付与 ………………………104
1.5 おわりに …………………………108
2 移動体用樹脂グレージングを支える表面コート技術 ……………… **久保修一** …110
2.1 はじめに …………………………110
2.2 移動体向け樹脂グレージング普及のためのキー技術 …………………110
2.3 樹脂グレージングのコーティング技術 …………………………………111
2.4 高耐傷性および高耐候性を兼ね備え

るハイブリッドハードコート ……112
2.5 ハイブリッドハードコートの基本特性 …………………………………113
2.6 ハイブリッドハードコートの耐候促進試験による基礎特性変化 ………116
2.7 更なる高耐久性を追及したセラミックナノコート ……………………118
2.8 まとめ ……………………………120
3 耐候性UV硬化型無機—有機複合ハードコートの車窓用樹脂ガラスへの応用
　　……………… **髙田泰廣** …121
3.1 はじめに …………………………121
3.2 UV硬化型無機—有機複合樹脂の設計 …………………………………121
3.3 複合樹脂を用いたコート剤の設計 122
3.4 硬化塗膜の耐候性評価 ……………122
3.5 車窓用樹脂ガラスへの応用 ………123
3.6 おわりに …………………………127
4 機能性コーティング剤による透明樹脂高

機能化 ……………… **村口　良** … 128
　4.1　はじめに ……………………… 128
　4.2　無機酸化物ナノ粒子 …………… 129
　4.3　有機無機ハイブリッドコーティング
　　　　剤 …………………………… 129
　4.4　透明樹脂への機能付与 ………… 130
　4.5　まとめ ………………………… 142
5　ポリカーボネートなど透明樹脂への耐擦
　　り傷性向上 ……………… **桐原　修** … 144

5.1　はじめに ………………………… 144
5.2　ポリカーボネートとポリウレタン　144
5.3　ハードとソフト ………………… 144
5.4　ハードコート・プラスチック塗装の
　　　歴史 …………………………… 145
5.5　ハードコートの現状 …………… 148
5.6　ハードコート材料の技術動向 …… 150
5.7　高機能化／耐擦り傷性向上など … 153

第3章　自動車への展開

1　ナノ構造制御による耐衝撃性向上 PMMA
　　のガラス代替用途への展開
　　………………… **宮保　淳** … 157
　1.1　はじめに ……………………… 157
　1.2　透明樹脂としてのアクリル …… 157
　1.3　アクリルの高機能化技術 ……… 158
　1.4　ガラス代替に向けたアルケマの新規
　　　　ナノ構造 PMMA シート ShieldUp®
　　　　…………………………… 161
　1.5　ShieldUp® の自動車用グレージング
　　　　への用途展開 ………………… 164
　1.6　今後の ShieldUp® の用途展開 …… 167
　1.7　おわりに ……………………… 168
2　ポリカーボネート樹脂とアクリル樹脂か
　　らなるポリマーアロイの開発と自動車用
　　樹脂窓としての可能性 … **清水　博** … 170
　2.1　はじめに ……………………… 170
　2.2　PC/PMMA 透明ナノポリマーアロイ
　　　　の創製 ………………………… 170

2.3　PC/PMMA 透明ナノポリマーアロイ
　　　の自動車用窓材への利用と実用性能
　　　…………………………… 173
2.4　おわりに ………………………… 176
3　自動車用 PC 樹脂グレージングの防曇技
　　術 ……………………… **岩井和史** … 178
　3.1　はじめに ……………………… 178
　3.2　デフォッガー機能付与 ………… 178
　3.3　複合機能化の検討例 …………… 183
　3.4　面状発熱による防曇技術 ……… 184
　3.5　自動車リア窓を想定した機能化樹脂
　　　　ガラス ………………………… 187
　3.6　おわりに ……………………… 187
4　耐摩耗性，耐候性試験による評価，分析
　　手法 …………………… **岩井和史** … 189
　4.1　はじめに ……………………… 189
　4.2　ハードコートの硬度評価 ……… 189
　4.3　ハードコートの耐候性評価 …… 198
　4.4　おわりに ……………………… 205

第1章　ガラス代替樹脂開発

1　高機能透明樹脂の設計と合成技術

西井　圭[*]

1.1　はじめに

近年，主鎖にシクロアルカン構造を有する炭化水素系高機能透明樹脂が，レンズやフィルムなどの光学用材料として注目を集めている。その特徴は，透明性，低複屈折性，精密成形性，耐熱性，低吸湿性に優れていることである。とくに，高透明性を達成するためには，非晶性ポリマーであることが必須である。結晶性ポリマーは光散乱により透明性が低下し，光学的異方性のため複屈折も生じやすい[1]。そして，高耐熱性にするためには，ガラス転移温度（T_g）を高くする必要がある。この T_g を高めるために，ポリマー構造中に剛直な芳香環や分子間力を高める極性基を導入することが知られている。

以上の観点から，高機能透明樹脂に必要な要求特性を兼ね備えた非晶性シクロオレフィンポリマー（COP: cyclic olefin polymer, COC: cyclic olefin copolymer），および COP・COC を化学修飾したポリマーが研究・開発され，一部は商品化されてきている。COP や COC はシクロオレフィン類（図1）をモノマーとして合成されるポリマーである。工業的には，シクロオレフィン類として反応性の高いノルボルネン誘導体を用いる検討が行われてきた。ノルボルネン誘導体の重合反応には，大きくわけて開環メタセシス重合（ROMP）とビニル型付加重合[2]の二種類がある（図1）。一般に，ROMP で生成するポリマーはエラストマー的な性質を示す場合が多い。一方，ビニル型付加重合により生成するポリマーの中で，立体規則性の低いホモポリマーやエチレンなどの α-オレフィンとのランダムコポリマーは，非晶性で良好な溶解性，高い T_g，高透明性，高屈折率が特徴であり，高機能光学材料として注目されている。立体規則性が高い場合は極めて高い融点の結晶性ポリマーとなり，新しいエンジニアリングプラスチックとしての利用が期待されている。

本稿では，シクロオレフィン，とくにノルボルネン誘導体のビニル型付加重合について，特異な反応性を示す有機金属錯体による透明樹脂合成に焦点をあてた。とくに，シクロペンタジエニル配位子誘導体を有するスカンジウム錯体とチタン錯体を用いた国内の代表的な触媒系とそれらの特徴を紹介する。すべてを網羅することができないので，ROMP[3~6]やジルコニウム錯体[7,8]，バナジウム錯体[9]，後周期遷移金属錯体（ニッケル，パラジウムなど）[10]を用いた COP・COC 合成については他の成書や総説も参照されたい。

---

[*]　Kei Nishii　小山工業高等専門学校　物質工学科　准教授

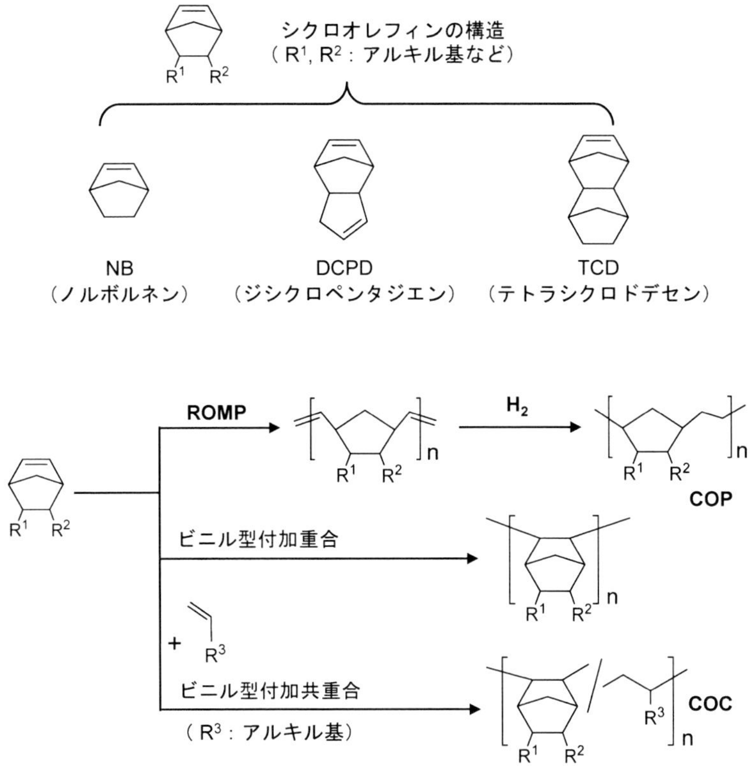

自動車への展開を見据えたガラス代替樹脂開発

図1 代表的なシクロオレフィンの構造と COP・COC の製造方法

1. 2　スカンジウム錯体触媒系を用いた高機能透明樹脂の合成

1. 2. 1　スカンジウム錯体触媒系を用いたシクロオレフィンと α-オレフィンの共重合

　Kaminsky が1991年にジルコニウム錯体触媒系による NB とエチレンの共重合を初めて報告して以来[11]，同様の研究が盛んになされてきた。これまでに報告されてきた COP・COC の大部分は4族と10族遷移金属に基づいたものであり，希土類元素の利用についてはほとんど検討されていなかった。

　2005年，僕らはハーフサンドイッチ型スカンジウムジアルキル錯体1[12, 13]と活性化剤である[Ph$_3$C][B(C$_6$F$_5$)$_4$] を組み合せた触媒系が NB や DCPD とエチレンの共重合に有効であることをみいだした（図2a, b）[14, 15]。また，得られた DCPD—エチレンコポリマーについては，残存する二重結合を酸化剤で処理することにより官能基（エポキシ基）化 COC の合成に成功している（図2c）[15]。さらに，DCPD—エチレン—スチレンコポリマーの合成も可能である（図2d）[15]。また，1のアルキル基をアミノベンジル基で置換したスカンジウム錯体2と種々の活性化剤（[Ph$_3$C][B(C$_6$F$_5$)$_4$]，[PhNMe$_2$H][B(C$_6$F$_5$)$_4$]）を組み合せた触媒系は DCPD と1-ヘキセンの共重合に有効である（図2e）[16]。得られた COC のコモノマー含率はモノマーの仕込み比により広範囲（30～68 mol%）で制御され，コモノマー含率と T_g は良好な直線関係を示す。

第1章　ガラス代替樹脂開発

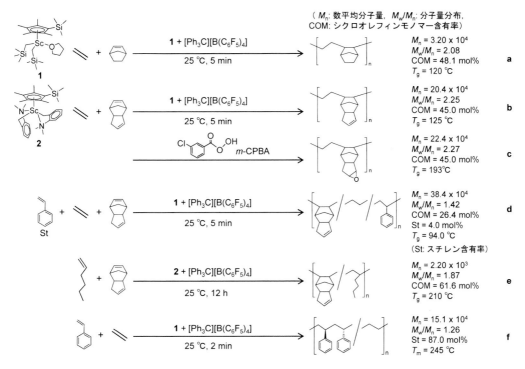

図2　スカンジウム錯体によるNB類の共重合

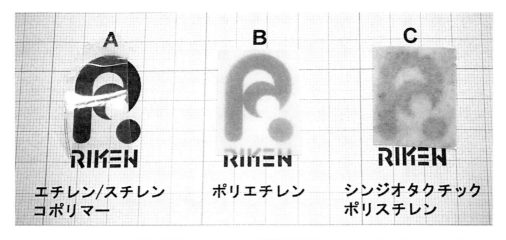

図3　スカンジウム錯体触媒系で合成された高機能透明樹脂（A）と結晶性ポリマー（B, C）
（ポリマー提供：理化学研究所　侯有機金属化学研究室）

1.2.2　スカンジウム錯体触媒系を用いたエチレンとスチレンの共重合

1-[Ph$_3$C][B(C$_6$F$_5$)$_4$]触媒系はスチレン（St）の単独重合に極めて高活性であり、シンジオ特異的（シンジオタクチック構造含有率：$rrrr$ > 99%、融点：T_m > 270℃）リビング重合を進行さ

せる触媒系である[17]。さらに，本系はエチレン─スチレン共重合も高活性で進行させる（図2f）。本ポリマーは，従来のシンジオタクチックポリスチレン系材料の欠点であった脆く耐衝撃性に劣るという問題が改善された新規材料となる。よって，前述のポリマーは靭性・耐熱性，さらに透明性に優れた延伸成形品の製造が可能である[18]。図3に本触媒系で合成された高機能透明樹脂，エチレン／スチレンコポリマー（A: 非晶性）をポリエチレン（B: 結晶性），シンジオタクチックポリスチレン（C: 結晶性）と比較して示した。図よりAは高透明性を有していることが明らかである。

1.3　チタン錯体触媒系を用いた高機能透明樹脂の合成

1.3.1　架橋型テトラメチルシクロペンタジエニルアミドチタン錯体触媒系および架橋型フルオレニルアミドチタン錯体触媒系を用いたシクロオレフィンの単独重合[19]

　塩野らはプロピレンのシンジオ特異性重合を高活性で進行させるチタン錯体3と種々の活性化剤（[Ph₃C][B(C₆F₅)₄]，乾燥メチルアルミノキサン：dMAO，修飾メチルアルミノキサン：MMAO）を組み合わせた触媒系がNBの単独重合に対しても高い活性およびモノマー転化率（Conversion＝81%）であることを報告している[20]。また，3に活性化剤としてdMAOやMMAOを用いた触媒系は高分子量で分子量分布が狭いポリマーを与える。とくに，3-dMAO触媒系NBのビニル型付加重合に高活性でリビング性を示した[20]。一方，幾何拘束型触媒で知られる4-dMAO触媒系でNB重合を検討した結果，非常に低い活性およびモノマー転化率（Conversion＝6%）であった[20]。3と4の触媒系における重合活性の違いは，活性種となるカチオン性チタン周辺において，モノマーが配位する空間の構造の違いによると考えられている（図4a, b）。

1.3.2　架橋型テトラメチルシクロペンタジエニルアミドチタン錯体触媒系および架橋型フルオレニルアミドチタン錯体触媒系を用いたシクロオレフィンとα-オレフィンの共重合

　シクロオレフィンとエチレンあるいはα-オレフィンから合成されるCOCは，共重合組成によりポリマーのガラス転移温度をある程度自在に制御することが可能である。このため，高透明性，高屈折率に加えて良好な溶解性を有することから新たなプラスチック材料として期待されている。

　永らは4に類似のジクロロチタン錯体をMMAOで活性化させた触媒系で，シクロオレフィン類（シクロペンテン，シクロヘキセン，シクロヘプテン，シクロオクテン，シクロドデセン，NB, DCPD, 5,6-水素化DCPD（HDCPD），2,5-ノルボルナジエン，1,3-シクロペンタジエン，1,4-シクロヘキサジエン，1,5-シクロオクタジエン）とエチレンの共重合を検討している。この結果，HDCPD以外のモノマーは共重合の進行が確認された[21]。

　プロピレンやNBの単独重合を高活性でリビング的に進行させる3は適当な活性化剤と組み合わせることにより，NB─エチレン共重合にも高活性を示す[22,23]。4-dMAO触媒系に比べ，3-dMAO触媒系は約3倍の活性を示し，ランダムコポリマーを与える。3-[Ph₃C][B(C₆F₅)₄]触

第 1 章　ガラス代替樹脂開発

媒系は80℃において最も高い活性を示し，高NB含率（～82 mol%）のコポリマーを与える。生成ポリマーは非晶性であり，NB含率とT_gは良好な直線関係を示す。NB含率はモノマー仕込み比によって制御され，広範囲にわたりT_g制御が可能である（～237℃）（図4c, d）。また，3-dMAO触媒系は0℃において高濃度のNB存在下では共重合をリビング的に進行させる[23]。さらに，5-MMAO触媒系もNBとエチレンの高活性共重合を進行させる。本触媒系はNB濃度や重合温度をコントロールすることで，交互コポリマーからランダムコポリマーまで合成できる（図4e）[24]。ところで，3-dMAO触媒系はNB—エチレン共重合のみならず5E2NB—エチレン共重合やDCPD—エチレン共重合にも有効である（図4f, g）[25, 26]。また，6（チタンにテトラヒドロフラン，thfが配位）およびフルオレニル環上に置換基を導入した7（チタンにテトラヒドロフラン，thfが配位）とMMAOを組み合せた触媒系もDCPD—エチレン共重合を良好な活性で進行させ，高DCPD含率（～53 mol%, 54 mol%）のコポリマーを与える（図5a）[26]。

NB—プロピレン共重合の研究例は，NB—エチレン共重合と比較すると非常に限られている。NB—エチレンのランダム共重合に有効な3，およびフルオレニル環上に置換基を導入した8, 9および10を用いた触媒系はNB—プロピレン共重合も高活性に進行させ，任意のコモノマー組成で高分子量ランダムコポリマーを与える[27, 28]。とくに，8-dMMAO触媒系では，プロピレン

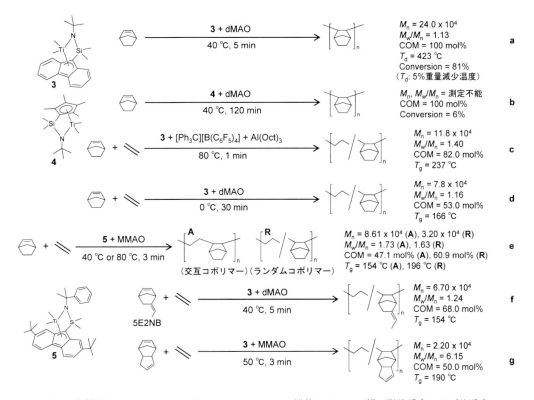

図4　架橋型モノシクロペンタジエニルアミドチタン錯体によるNB類の単独重合および共重合

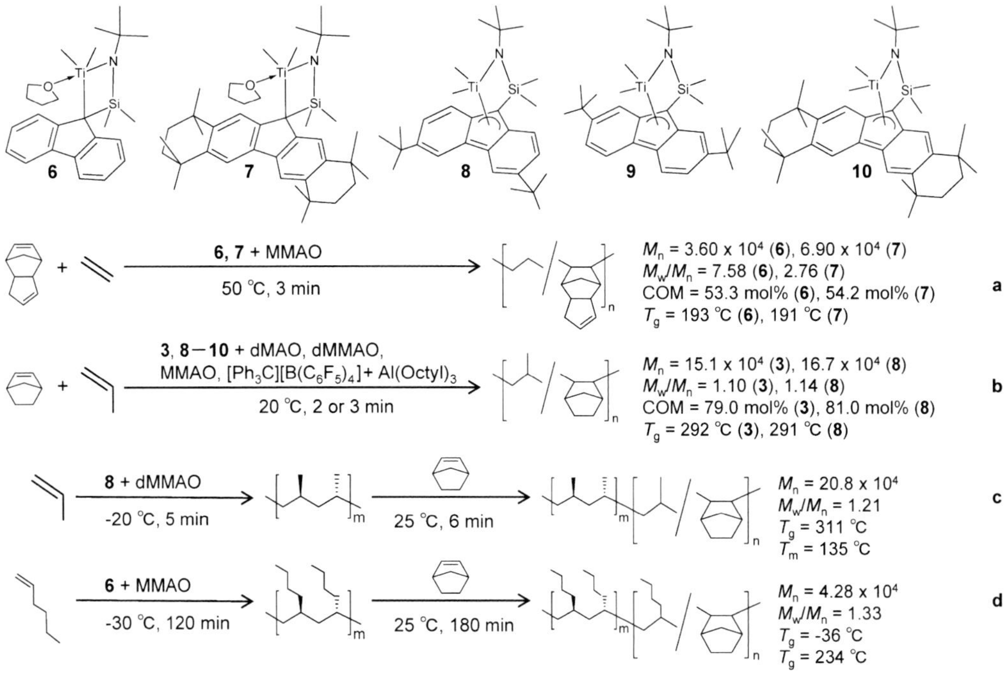

自動車への展開を見据えたガラス代替樹脂開発

6, 7 + MMAO
50 ℃, 3 min

$M_n = 3.60 \times 10^4$ (**6**), 6.90×10^4 (**7**)
M_w/M_n = 7.58 (**6**), 2.76 (**7**)
COM = 53.3 mol% (**6**), 54.2 mol% (**7**)
T_g = 193 ℃ (**6**), 191 ℃ (**7**)　**a**

3, 8−10 + dMAO, dMMAO,
MMAO, [Ph₃C][B(C₆F₅)₄]+ Al(Octyl)₃
20 ℃, 2 or 3 min

$M_n = 15.1 \times 10^4$ (**3**), 16.7×10^4 (**8**)
M_w/M_n = 1.10 (**3**), 1.14 (**8**)
COM = 79.0 mol% (**3**), 81.0 mol% (**8**)
T_g = 292 ℃ (**3**), 291 ℃ (**8**)　**b**

8 + dMMAO
-20 ℃, 5 min

25 ℃, 6 min

$M_n = 20.8 \times 10^4$
M_w/M_n = 1.21
T_g = 311 ℃
T_m = 135 ℃　**c**

6 + MMAO
-30 ℃, 120 min

25 ℃, 180 min

$M_n = 4.28 \times 10^4$
M_w/M_n = 1.33
T_g = -36 ℃
T_g = 234 ℃　**d**

図 5　架橋型フルオレニルアミドチタン錯体による NB 類の共重合

重合を行った後に NB を加えると，結晶性のシンジオタクチックポリプロピレン連鎖と非晶性の
プロピレン—NB ランダム共重合連鎖からなるブロックコポリマーが合成できる（図 5b, c）[29]。
　NB—高級 α-オレフィン共重合の研究例は，NB—プロピレン共重合と同様に非常に限られて
いる。6-MMAO 触媒系では，NB—1-ヘキセン（H/NB）リビング共重合およびブロック共重合
の進行が確認された（図 5d）。生成ポリマーの NMR スペクトルから，ポリ（1-ヘキセン）由来の
共鳴線に加えてランダムコポリマー由来の共鳴線（図 6(a)，(b)）がそれぞれ確認されたことよ
り，目的とした COC の生成を判断している（図 6(c)）[30]。また，3-[Ph₃C][B(C₆F₅)₄] 触媒系あ
るいは 8〜10 と dMMAO を組み合わせた触媒系は NB と 1-ヘキセン，1-オクテンおよび 1-デ
センなどの高級 α-オレフィンとのランダム共重合にも有効であり，NB—プロピレン共重合と同
様の重合挙動を示す（図 7a, b）[28, 31]。そして，NB—高級 α-オレフィンコポリマー薄膜の可視光
透過率は 90％ 程度と高く，高透明性を保ったまま熱物性を制御できることが示されている[31]。
また，9-MMAO-BHT（2,6-di-*tert*-butyl-4-methylphenol）触媒系は NB，1-オクテンおよびプ
ロピレンからなる A-B-A 型ブロックコポリマーの合成も可能である（図 7c）。本触媒系で得ら
れたポリマー薄膜は，可視光透過率が 95％ より高いことが確認されている[32]。ところで，
3-MMAO-BHT 触媒系は NB と 1,5-ヘキサジエン（HD）の共重合にも有効であり，本ポリマー
中に残存する側鎖ビニル基の官能基化についても報告している（図 7d）[33]。本触媒系で得られた
COC は，クロロホルム，トルエンおよび THF などの有機溶媒への溶解性に優れている。

第1章　ガラス代替樹脂開発

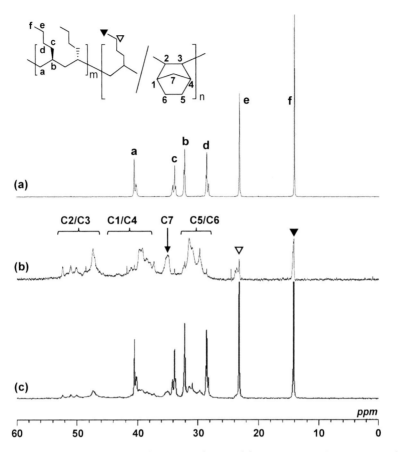

図6　錯体6触媒系で得られたポリ(1-ヘキセン)；PH (a), NB/H ランダムコポリマー (b), PH-NB/H ブロックコポリマー (c) の ^{13}C NMR スペクトル

　室温 (r.t.) にて 8-[Ph$_3$C][B(C$_6$F$_5$)$_4$] 触媒系は NB—スチレンの共重合や NB—エチレン—スチレンの共重合にも有効であり，得られた COC は極めて小さい複屈折 ($\Delta n \approx 0$) を示す優れたポリマーであった (図7e, f)[34, 35]。さらに，同コポリマーフィルムを3倍まで延伸しても複屈折はほとんど増加しないことが確認されている。

　水酸基などの極性基を含まない COP・COC は低吸湿性に優れるが，プラスチックフィルムや金属薄膜との密着性に劣り用途が限られる場合がある。しかし，ポリマー中に極性基含有量が多すぎると吸湿性が大きくなり，水分吸収による材料の性能劣化を引き起こす。よって，接着性と吸湿性，耐熱性および透明性とのバランスをとることが重要であり，そのためにはポリマー中のNB部位と極性基部位の含有率を制御することが必要である。NB—高級 α-オレフィンのランダム共重合に有効な 3-[Ph$_3$C][B(C$_6$F$_5$)$_4$] 触媒系は NB-ODIBA (7-オクテニルジイソブチルアルミニウム) 共重合にも有効である。共重合後，アルミニウム—炭素結合を酸素や二酸化炭素と反応させ処理することで，側鎖に官能基 (水酸基やカルボニル基) を有する COC が得られている

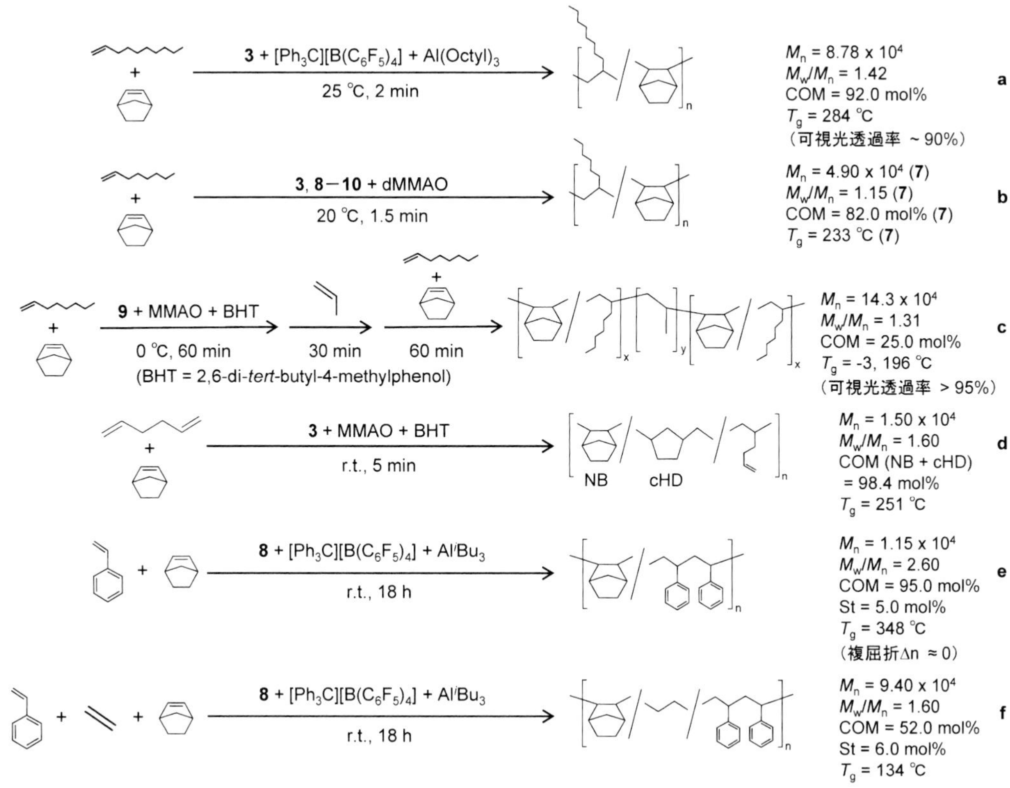

自動車への展開を見据えたガラス代替樹脂開発

図7系列

a: $3 + [Ph_3C][B(C_6F_5)_4] + Al(Octyl)_3$ / 25 ℃, 2 min
$M_n = 8.78 \times 10^4$
$M_w/M_n = 1.42$
COM = 92.0 mol%
$T_g = 284$ ℃
（可視光透過率 ~90%）

b: $3, 8-10 + dMMAO$ / 20 ℃, 1.5 min
$M_n = 4.90 \times 10^4$ (7)
$M_w/M_n = 1.15$ (7)
COM = 82.0 mol% (7)
$T_g = 233$ ℃ (7)

c: $9 + MMAO + BHT$ / 0 ℃, 60 min / 30 min / 60 min
(BHT = 2,6-di-*tert*-butyl-4-methylphenol)
$M_n = 14.3 \times 10^4$
$M_w/M_n = 1.31$
COM = 25.0 mol%
$T_g = -3, 196$ ℃
（可視光透過率 >95%）

d: $3 + MMAO + BHT$ / r.t., 5 min
NB / cHD
$M_n = 1.50 \times 10^4$
$M_w/M_n = 1.60$
COM (NB + cHD) = 98.4 mol%
$T_g = 251$ ℃

e: $8 + [Ph_3C][B(C_6F_5)_4] + Al^iBu_3$ / r.t., 18 h
$M_n = 1.15 \times 10^4$
$M_w/M_n = 2.60$
COM = 95.0 mol%
St = 5.0 mol%
$T_g = 348$ ℃
（複屈折Δn ≈ 0）

f: $8 + [Ph_3C][B(C_6F_5)_4] + Al^iBu_3$ / r.t., 18 h
$M_n = 9.40 \times 10^4$
$M_w/M_n = 1.60$
COM = 52.0 mol%
St = 6.0 mol%
$T_g = 134$ ℃

図7　架橋型フルオレニルアミドチタン錯体による NB の共重合

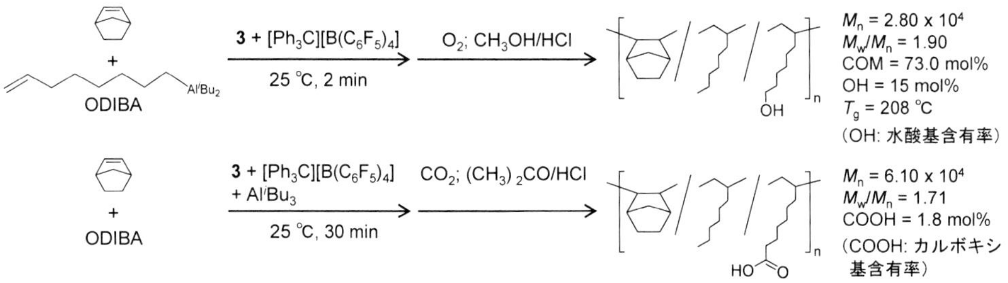

図8系列

a: ODIBA / $3 + [Ph_3C][B(C_6F_5)_4]$ / 25 ℃, 2 min / O_2; CH_3OH/HCl
$M_n = 2.80 \times 10^4$
$M_w/M_n = 1.90$
COM = 73.0 mol%
OH = 15 mol%
$T_g = 208$ ℃
（OH: 水酸基含有率）

b: ODIBA / $3 + [Ph_3C][B(C_6F_5)_4] + Al^iBu_3$ / 25 ℃, 30 min / CO_2; $(CH_3)_2CO/HCl$
$M_n = 6.10 \times 10^4$
$M_w/M_n = 1.71$
COOH = 1.8 mol%
（COOH: カルボキシ基含有率）

図8　架橋型フルオレニルアミドチタン錯体による NB と ODIBA の共重合

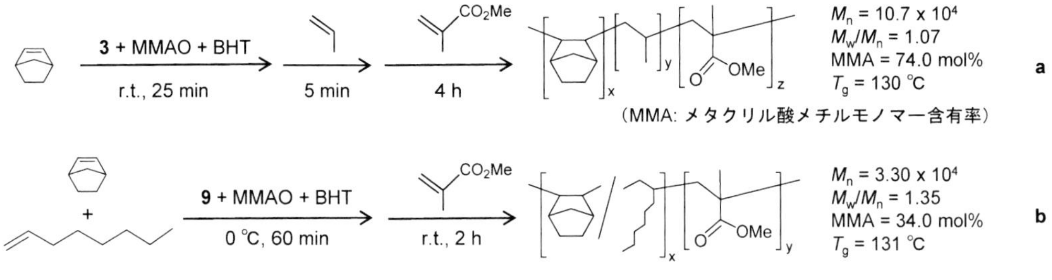

図9系列

a: $3 + MMAO + BHT$ / r.t., 25 min / 5 min / 4 h (CO_2Me)
$M_n = 10.7 \times 10^4$
$M_w/M_n = 1.07$
MMA = 74.0 mol%
$T_g = 130$ ℃
（MMA: メタクリル酸メチルモノマー含有率）

b: $9 + MMAO + BHT$ / 0 ℃, 60 min / r.t., 2 h (CO_2Me)
$M_n = 3.30 \times 10^4$
$M_w/M_n = 1.35$
MMA = 34.0 mol%
$T_g = 131$ ℃

図9　架橋型フルオレニルアミドチタン錯体による NB，α-オレフィン，MMA の共重合

第1章　ガラス代替樹脂開発

（図 8a, b）[36,37]。さらに，**3** や **9** と BHT で変性した MMAO で活性化させた触媒系は NB—プロピレン—MMA（メタクリル酸メチル）や NB—1-オクテン—MMA の共重合にも有効であることを報告している（図 9a, b）[38,32]。得られた MMA 含有 COC は，引張強度に優れたフィルムになることが確認されている[32]。

1.3.3　非架橋型ハーフチタノセン錯体触媒系を用いたシクロオレフィンとα-オレフィンの共重合[39]

　野村らはかさ高いフェノキシ配位子やケチミド配位子を有するハーフチタノセン錯体 **11**〜**14** を MAO や MMAO で活性化した触媒系が NB—エチレン共重合に優れていることをみいだした（図 10a, b）[40〜43]。さらに最近，かさ高い塩素置換フェノキシ配位子やケチミド配位子を有するハーフチタノセン錯体 **14**，**15** を MAO で活性化した触媒系が NB—エチレン共重合，NB—α-オレフィン（1-ヘキセン，1-オクテン，1-ドデセン）共重合，TCD—エチレンおよび TCD—α-オレフィン（1-ヘキセン，1-オクテン，1-ドデセン）共重合に優れていることをみいだした（図 10c, d）[44,45]。とくに，**14**-MAO 触媒系は極めて高い活性を示し，高 TCD 含率（〜68 mol%）で高耐熱性（〜286℃）ポリマーを与える。また，TCD—高級 α-オレフィンコポリマー薄膜の可視光透過率は極めて高く，高透明性を保ったまま熱物性を制御できることが示されている。

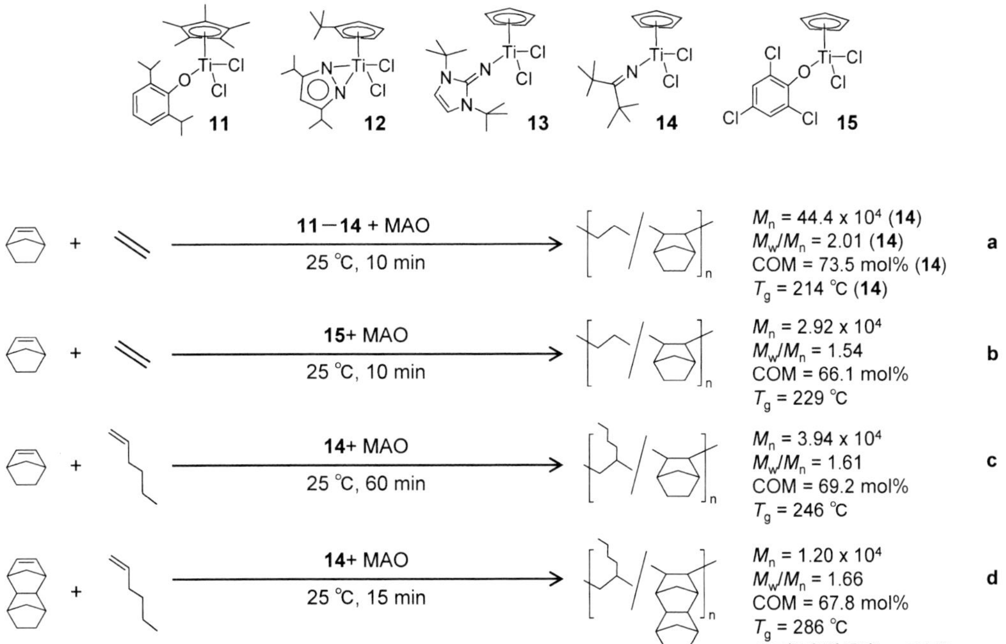

図 10　非架橋型チタン錯体による NB 類の共重合

1.4 まとめと展望

　シクロオレフィンの単独および共重合体の物性は，分子量，コモノマー組成，連鎖，位置および立体規則性などに強く依存する。近年の均一系オレフィン重合触媒の進歩により，シクロオレフィンの重合は大きく進歩し，高活性でコモノマー連鎖や立体規則性，分子量および分子量分布を制御可能なリビング重合触媒系も報告されるようになった。しかし，リビング重合ではポリマー鎖1本合成するために錯体触媒1分子を必要とし，高分子工業という観点からは大きな問題である。そして，スチレンやブタジエンなどの共役モノマー，さらには極性ビニルモノマーとの共重合も可能になりつつあるが，高活性化やより安価な金属での合成が望まれる。今後，精密に構造制御されたポリマー鎖を触媒的に高活性で合成する手法の開発，スチレン，ブタジエンおよび極性モノマーとの高活性共重合触媒系の開発が強く期待される。

文　　献

1) 井出文雄著，ここまできた透明樹脂，工業調査会（2001）

2) 遠藤剛編，高分子の合成（下）第 VI 編　開環重合・重縮合・配位重合，p. 747，講談社（2010）

3) R. H. Grubbs, Ed., "Handbook of Metathesis Vol. 3 Applications in Polymer Synthesis", WILEY-VCH, Weinheim（2003）

4) R. H. Grubbs, *Tetrahedron*, **60**, 7117（2004）

5) R. R. Schrock, *Chem. Rev.*, **109**, 3211（2009）

6) 早野重孝，角替靖男，高分子論文集，**68**，199（2011）

7) I. Tritto, L. Boggioni, D. R. Ferro, *Coord. Chem. Rev.*, **250**, 212（2006）

8) X. Li, Z. Hou, *Coord. Chem. Rev.*, **252**, 1842（2008）

9) K. Nomura, S. Zhang, *Chem. Rev.*, **111**, 2342（2011）

10) F. Blank, C. Janiak, *Coord. Chem. Rev.*, **253**, 827（2009）

11) W. Kaminsky, A. Bark, M. Arndt, *Macromol. Symp.*, **47**, 83（1991）

12) M. Nishiura, Z. Hou, *Bull. Chem. Soc. Jpn.*, **83**, 595（2010）

13) M. Nishiura, F. Guo, Z. Hou, *Acc. Chem. Res.*, **48**, 2209（2015）

14) X. Li, J. Baldamus, Z. Hou, *Angew. Chem., Int. Ed.*, **44**, 962（2005）

15) X. Li, Z. Hou, *Macromolecules*, **38**, 6767（2005）

16) X. Li, M. Nishiura, K. Mori, T. Mashiko, Z. Hou, *Chem. Commun.*, 4137（2007）

17) Y. Luo, J. Baldamus, Z. Hou, *J. Am. Chem. Soc.*, **126**, 13910（2004）

18) 構造制御による革新的ソフトマテリアル創成，日本化学会編，p. 69，化学同人（2010）

19) 田中亮，塩野毅，有機合成化学協会誌，**72**，118（2014）

20) T. Hasan, K. Nishii, T. Shiono, T. Ikeda, *Macromolecules*, **35**, 8933（2002）

21) N. Naga, *J. Polym. Sci., Part A: Polym. Chem.*, **43**, 1285（2005）

第 1 章　ガラス代替樹脂開発

22) T. Hasan, T. Ikeda, T. Shiono, *Macromolecules*, **37**, 8503 (2004)

23) T. Hasan, T. Ikeda, T. Shiono, *Macromol. Symp.*, **213**, 123 (2004)

24) H. Wang, H. Cheng, R. Tanaka, T. Shiono, Z. Cai, *Polym. Chem.*, **9**, 4492 (2018)

25) T. Hasan, T. Ikeda, T. Shiono, *J. Polym. Sci., Part A: Polym. Chem.*, **45**, 4581 (2007)

26) K. Nishii, S. Hayano, Y. Tsunogae, Z. Cai, Y. Nakayama, T. Shiono, *Chem. Lett.*, **37**, 590 (2008)

27) T. Hasan, T. Ikeda, T. Shiono, *Macromolecules*, **38**, 1071 (2005)

28) Z. Cai, R. Harada, Y. Nakayama, T. Shiono, *Macromolecules*, **43**, 4527 (2010)

29) Z. Cai, Y. Nakayama, T. Shiono, *Macromolecules*, **39**, 2031 (2006)

30) 西井圭，早野重孝，角替靖男，中山祐正，塩野毅，高分子論文集 (2018)，DOI: https://doi.org/10.1295/koron.2018-0021

31) T. Shiono, M. Sugimoto, T. Hasan, Z. Cai, T. Ikeda, *Macromolecules*, **41**, 8292 (2008)

32) R. Tanaka, T. Suenaga, Z. Cai, Y. Nakayama, T. Shiono, *J. Polym. Sci., Part A: Polym. Chem.*, **52**, 267 (2014)

33) R. Tanaka, T. Shiono, Y. Nakayama, T. Shiono, *Polymer*, **136**, 109 (2018)

34) H. T. Ban, K. Nishii, Y. Tsunogae, T. Shiono, *J. Polym. Sci., Part A: Polym. Chem.*, **45**, 2765 (2007)

35) H. T. Ban, H. Hagihara, Y. Tsunogae, Z. Cai, T. Shiono, *J. Polym. Sci., Part A: Polym. Chem.*, **49**, 65 (2011)

36) T. Shiono M. Sugimoto, T. Hasan, Z. Cai, *Macromol. Chem. Phys.*, **214**, 2239 (2013)

37) J.-W. Lee, S. Jantasee, B. Jongsomit, R. Tanaka, Y. Nakayama, T. Shiono, *J. Polym. Sci., Part A: Polym. Chem.*, **51**, 5085 (2013)

38) R. Tanaka, Y. Nakayama, T. Shiono, *Polym. Chem.*, **4**, 3974 (2013)

39) W. Zhao, K. Nomura, *Catalysts*, **6**, 175 (2016)

40) K. Nomura, M. Tsubota, M. Fujiki, *Macromolecules*, **36**, 3797 (2003)

41) W. Wang, T. Tanaka, M. Tsubota, M. Fujiki, S. Yamanaka, K. Nomura, *Adv. Synth. Catal.*, **347**, 433 (2005)

42) K. Nomura, W. Wang, M. Fujiki, J. Liu, *Chem. Commun.*, 2659 (2006)

43) W. Zhao, Q. Yan, K. Tsutsumi, K. Nomura, *Organometallics*, **35**, 1895 (2005)

44) W. Apisuk, H. Ito, K. Nomura, *J. Polym. Sci., Part A: Polym. Chem.*, **54**, 2662 (2016)

45) W. Zhao, K. Nomura, *Macromolecules*, **49**, 59 (2016)

2　シリカ複合化による透明樹脂の高機能化とガラス代替樹脂への応用

山田保治[*]

2.1　はじめに

　樹脂の改質方法として古くからガラス繊維，タルク，炭酸カルシウムや炭素繊維などの無機フィラーを樹脂に混合し耐熱性や力学強度を改良した複合材料はよく知られており，繊維強化プラスチック（FRP），構造材料やフィルムとして実用化されている。また近年，シリカ，アルミナ，ジルコニアやチタニアなどのナノオーダーの無機物や微粒子を樹脂と複合化したナノ複合材料（ナノコンポジットまたはナノハイブリッドと言われ，通常区別されずに使用されているが，ここでは，樹脂と無機物との間に特に相互作用がない単なる混合物をコンポジット（CPT），樹脂と無機物との間に共有結合や水素結合など強い相互作用がある複合材料をハイブリッド（HBD）として区別する）が新規な材料として開発され[1,2]，成形材料，耐候性塗料[3]やハードコーティング剤[4]として事業化されている。

　無機物の複合化による高機能化や高性能化においては，得られる複合材料の物性は合成法や複合化する無機物の種類，性状（粒径，粒径分布，比表面積，アスペクト比など），表面状態（親疎水性），材料間の界面状態，相溶性，モルホロジーなどに影響される。また，表面状態，界面状態や相溶性を制御するために使用されるシランカップリング剤などの界面処理剤の選択，使用法や処理条件にも大きく影響される。アクリル樹脂（PMMA）やポリカーボネート（PC）などの透明樹脂の複合化では，透明性を低下させず他の物性（耐熱性，力学強度や表面特性など）を向上させる必要があり，より精密な材料設計が必要となる。無機物の中でシリカは比較的安価な原料として入手できることから最もよく使用されている。

　ここでは，ゾル―ゲル法や表面修飾したシリカ（SiO_2）微粒子を使用した透明樹脂―シリカナノ HBD を中心に，シリカ複合化による透明樹脂の高機能化とガラス代替樹脂への応用について概説する。

2.2　シリカ複合化による透明樹脂の高機能化

2.2.1　透明樹脂―シリカ複合材料の材料設計

　樹脂と無機物とを複合化することにより，耐熱性，力学強度，寸法安定性（熱膨張係数），耐摩耗性などの特性を向上させることができる。しかしながら，複合化することによって向上する特性がある反面低下する特性（相反物性）もあり，明確な開発目標を立てた上で最適な材料設計を行うことが重要である。樹脂にシリカを複合化した複合材料の一般的な特性変化を表1にまとめた。

　一般に，樹脂などの高分子材料と無機材料（無機物）は表面エネルギーの差が大きく相溶性がない。また，サブミクロン以上の粒径を持つ無機物は凝集力が比較的弱く，混合，混練などで複

　＊　Yasuharu Yamada　岩手大学　理工学部　客員教授

第1章 ガラス代替樹脂開発

表1 シリカ複合化による材料特性の変化

特 性	効 果
熱 特 性	
熱分解温度	↑
ガラス転移温度	↑
熱膨張係数	↓
力 学 特 性	
引張強度	↑ (↓*)
引張弾性率	↑
伸び	↑ (↓*)
耐摩耗性	↑
その他の特性	
表面硬度	↑
耐薬品性	↑
比誘電率	↑
密着・接着性（ガラス，SUS，フィルム）	↑
気体透過性	↑ ↓
耐候性	↑
難燃性	↑

ベース樹脂と比較した場合の各特性値の変化（↑：向上，↓：低下）。
＊ シリカ含有量の少ない場合（＜10 wt%）は若干向上するが，多い
場合（＞10 wt%）は低下する。

合化しても大きな凝集は起こさないが，ナノオーダーの無機微粒子は表面エネルギーが大きく表面積も大きいため，単純な混合，混練などでは粒子間凝集を起こしやすい。その結果，透明性や力学強度の低下などが生じ，十分な特性を付与することが困難である。シリカ粒径がナノオーダーの微粒子を複合化したナノ複合材料では，その分散状態やモルホロジーが材料特性に大きく影響する。

半径（r），体積分率（V）の球状粒子が樹脂中に均一に分散し各粒子間距離（d）が一定である場合，粒子間距離（d）および粒子の全表面積（A）は下記式で与えられる[5]。

$$d = [(4\pi\sqrt{2} \; / \; 3V)^{1/3} - 2] \; r \tag{1}$$

$$A = 3V/100 \; r \tag{2}$$

(1)および(2)式から，粒子の含有量が一定であれば粒子が小さくなるにつれて粒子間距離が急激に減少し，粒子の全表面積が増大することが分かる。一般に，無機物の粒径がナノレベルで小さくなるにつれて粒子間の凝集力が増大する（図1）。すなわち，複合化するシリカ粒径が小さくなれば複合材料中の粒子間凝集が起こりやすくなり，樹脂とシリカ間の非相溶面積が増大し相溶性の低下に基づく透明性や材料特性の低下を招くことになる。このため，ナノ構造を制御した透明な高性能・高機能な複合材料を調製するためには，無機物が良好に分散した状態を形成させる

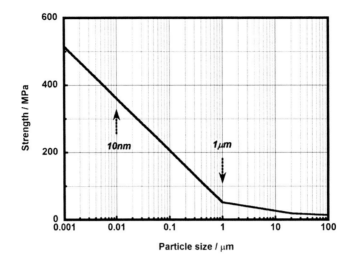

図1 シリカの粒径と凝集力の関係

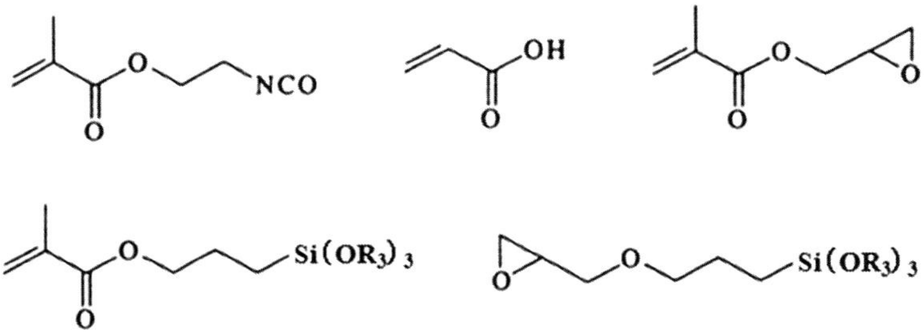

図2 代表的な界面処理剤

ことが重要であり,樹脂と無機物界面の制御が必要になる。樹脂と無機物界面の制御には,界面活性剤,分散剤やシランカップリング剤[6]などの界面処理剤が使用される。図2に代表的な界面処理剤(カップリング剤)を示す。界面活性剤や分散剤の分散安定化作用は電荷の反発や立体障害による物理的作用であるが,シランカップリング剤などの表面処理剤は両成分間に共有結合を形成し強い相互作用を働かせることができるためハイブリッド化には極めて有効である。

2.2.2 シリカの複合化方法

有機—無機複合材料は1980年代に層間挿入法(層剥離法)を中心に開発が進められた後,90年代にゾル—ゲル法や微粒子分散法の開発が進められ今日に至っている。シリカなどの無機物の複合化は,ゾル—ゲル法[7,8]や微粒子分散法によって行われる。樹脂に複合化される無機物としては安価で種類も多いことからシリカ[9,10]が最もよく使用されている。シリカ原料としてはテトラメトキシシラン(TMOS),テトラエトキシシラン(TEOS)やメチルトリメトキシシラン(MTMS)などのシリケート化合物,アエロジル,シリカ粒子,シリカゾル(コロイダルシリカ),ポリシルセスキオキサン(PSQ)やシルセスキオキサンオリゴマー(POSS)[11,12]など多種多様な

第1章 ガラス代替樹脂開発

- グラスファイバー(短繊維,長繊維)
- アエロジル(AEROSIL：フュームドシリカ)
- シリカ粒子
- シリカゾル(コロイダルシリカ：水分散／有機溶媒分散)
- 中空シリカ粒子
- メソポーラスシリカ
- シルセスキオキサンオリゴマー(POSS)
- ポリシルセスキオキサン(PSQ)粒子

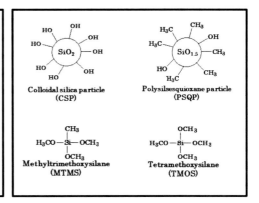

図3　シリカの種類と構造

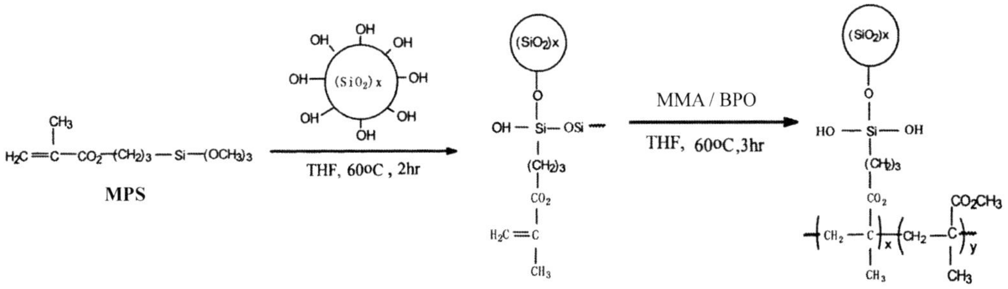

図4　微粒子分散法によるPMMA-シリカHBDの調整法

化合物が市販されており利用できる（図3）。

　シリカの複合化で最も簡易な方法は，シリカ微粒子を樹脂と溶液中で直接混合（溶液混合法）あるいは樹脂を溶融して混練する方法（溶融混練法）であるが，溶液混合法は溶剤の処理や生産性が低くコスト高で大量生産の工業プロセスには適さず，溶融混練法は微粒子を凝集させずに均一に分散させることが困難である。ナノレベルでの複合化を達成するためには，ゾル―ゲル法やシリカ微粒子存在下でモノマーを重合させる方法（in-situ重合法）が適している。樹脂とシリカ間に相互作用がなければCPTとなり，シランカップリング剤などで表面修飾したシリカを使用し，樹脂とシリカ間に共有結合などの強い相互作用が形成されればHBDとなる。図4に3-メタクリロキシプロピルトリメトキシシラン（MPS）で表面修飾したシリカ微粒子を使用した微粒子分散法によるPMMA―シリカHBDの調製法を示す[13]。この方法を使用してシリカ微粒子と多官能（メタ）アクリレートの複合化によって耐摩耗性に優れたハイブリッドハードコート剤が開発され，高性能なハードコート剤やガラス代替樹脂として応用されている[14,15]。図5にUV硬化型アクリル系ハイブリッドハードコート液の調製法の一例を示す。

　ゾル―ゲル法によるシリカの複合化は樹脂にシリケート化合物，水，酸または塩基触媒を加え，加水分解／縮合反応（ゾル―ゲル反応）させることによってシリカを生成させ複合化する方法で

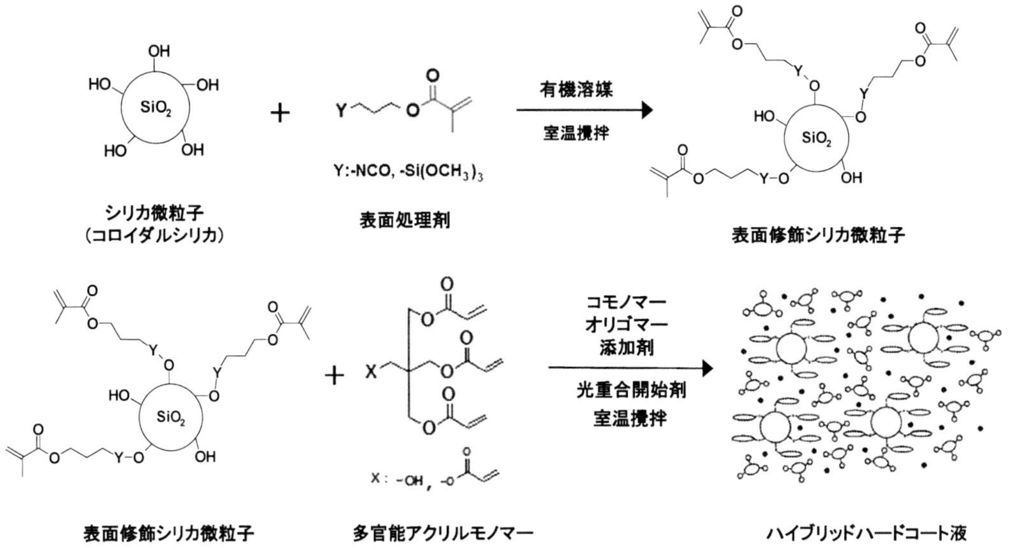

自動車への展開を見据えたガラス代替樹脂開発

図5 UV 硬化型アクリル系ハイブリッドハードコート液の調製法

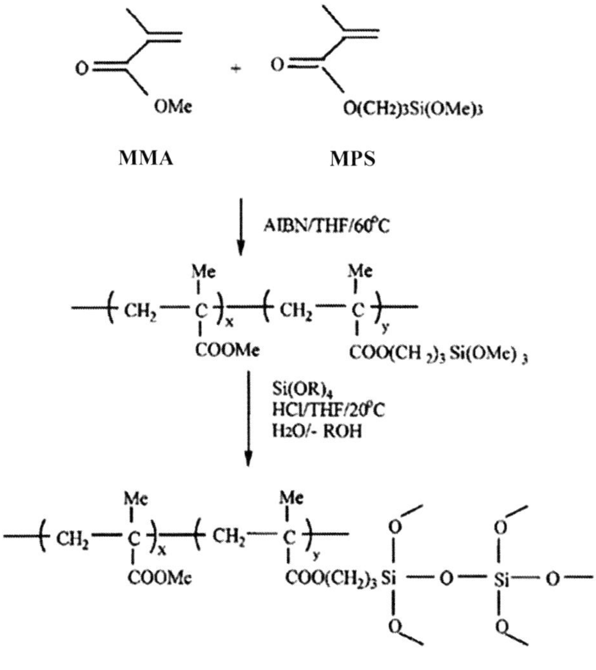

図6 ゾル―ゲル法による PMMA-シリカ HBD の調製法

ある。この時，分子内に加水分解性基（アルコキシシリル基）を持つ樹脂を使用すると，樹脂と
シリカとの間に共有結合を有する HBD が得られる。図6にゾル―ゲル法による PMMA―シリ
カ HBD の調製法を示す[16]。ナノレベルでの複合化においては，樹脂とシリカの界面制御に加え

16

第 1 章　ガラス代替樹脂開発

樹脂の分子構造（一次構造，二次構造）や分子量，金属アルコキシド添加量やゾル—ゲル反応条件等の最適化が重要である。

2.2.3　複合材料の透明性

　物質の透明性は光の反射，吸収，散乱の 3 要素によって決定され，その損失は物質に固有なものと外部要因によるものとに分類される。樹脂の透明性は分子構造，性状やモルホロジーによって概ね決定されるが，本質的な透明性は光散乱損失と光吸収損失に起因する。光の表面反射率（R）は下記(3)式で表され，物質の透明性は全光線透過量（T；(4)式）で表される。

$$R = (n-1)^2 \diagup (n+1)^2 \quad （n：物質の屈折率） \tag{3}$$

$$T \fallingdotseq (1-R)^2 \tag{4}$$

　(3)および(4)式より，屈折率の高い樹脂ほど表面反射率が大きくなり光の透過量は減少する。したがって，屈折率の低い樹脂は，表面反射率が小さく光の透過性に優れている。また，光の波長よりも小さいサイズの粒子による光の散乱は，レイリー散乱（Rayleigh scattering）によって引き起こされる。レイリー散乱は(5)式によって表わされ，散乱係数（κ）は粒径の 6 乗に比例して急激に大きくなる[17]。

$$\kappa = \frac{2\pi^5}{3} n \left(\frac{m^2-1}{m^2+1} \right)^2 \frac{d^6}{\lambda^4} \tag{5}$$

　　κ：散乱係数，n：粒子数，λ：波長，d：粒子径，
　　m：反射係数（$n_p \diagup n_m$，n_p：分散物質の屈折率，n_m：基質の屈折率）

　一般に，透明樹脂は非晶性で結晶子による散乱が起こらず，表面反射が少なく分極率の高い極性基を含有せず低屈折率となるように分子設計される[18]。透明な複合材料の調製は透明樹脂に無機物を複合化して行うわけであるが，無機物の添加は散乱因子を導入することになり透明性の低下を招く。このため，複合化する無機物の粒径を透過光の波長よりも十分に小さくし，透明性の低下を抑制する。ナノ複合材料の透明性は複合化したナノオーダーの無機物の粒径が可視光線の波長よりはるかに小さいため，その透明性はほとんど低下しないが，レイリー散乱を完全に抑制することはできないので目的に応じた材料設計を行う必要がある。複合化する無機物の粒径が小さくなればなるほど粒子間の凝集力が大きくなり，無機物の添加量が多くなれば凝集や分散性の低下が起こり，また，両成分界面での光の反射や散乱により透明性が低下する。無機微粒子の凝集や分散性が良好な複合材料でも，無機物の粒径が 100 nm 以上の複合材料では透明性の低下を招くことが多い。シリカ粒子サイズが 50 nm を超えると光の散乱に起因した透明性の低下を生じることが報告されている[13]。したがって，透明な複合材料を得るには無機物の粒径を 50～100 nm 以下の凝集のない分散状態で制御することが重要で，その場合には無機物の含有量が比較的高い含有量まで複合化しても透明性を維持することができる。図 7 にアクリル系ハードコー

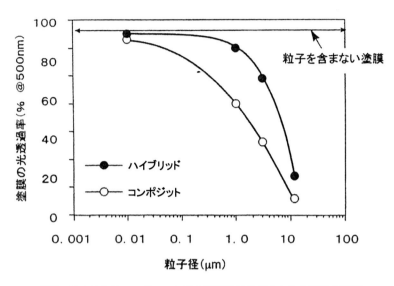

図7 アクリル系ハードコート剤の透明性に及ぼすシリカ粒径の影響

ト剤の透明性に及ぼすシリカ粒径の影響を示す[19]。シリカ粒径が大きくなるにつれて透明性が急激に低下しているが，界面制御したHBDハードコート膜の方がCPTハードコート膜よりも透明性に優れている。良好な透明性を持たせるためには，複合化するシリカの凝集を抑制し粒径をできるだけ小さくする必要があることが分かる。

2.3 ガラス代替樹脂への応用

軽量化や小型化による省エネルギーの観点からガラス代替樹脂の開発が進んでいる[20]。ガラスを樹脂に代替することで重量が約1/2となることから，低燃費化が求められている自動車や軽量化が可能となるディスプレイ，タッチパネルや光学フィルム分野などへの応用が進められている。特に，自動車用途は重要な代替分野でテールライトレンズ，指示器レンズ，ヘッドライトレンズ，樹脂ウィンドウ（ルーフ，リアウィンドウ，フロントウィンドウ，サイドウィンドウ，クォーターウィンドウ）などの部材が樹脂化され，軽量・省エネルギー化に寄与しているが，さらに高性能な代替樹脂の開発が進められている。

ガラス代替樹脂としては低コストで透明性，耐熱性，材料強度，耐衝撃性，耐候性，加工性などの特性が求められる。ガラス代替樹脂の開発は，主として透明樹脂の(1)積層（ラミネート）化，(2)複合（ハイブリッド）化，(3)表面ハードコート化などによって行われる（表2）。代表的な透明樹脂としては，ポリメチルメタクリレート（PMMA），ポリカーボネート（PC），環状ポリオレフィン（COP, COC），ポリエステル（PEN, PET）などがあげられる。表3にガラスと代表的な透明樹脂の物性をまとめた。

無機物の透明樹脂への複合（ハイブリッド）化は，ガラス代替樹脂に求められる諸特性を向上

第1章　ガラス代替樹脂開発

表2　ガラス代替樹脂の開発手法と課題

1. 主な開発手法
   ■ 積層（ラミネート）化
   ■ 複合（ハイブリッド）化
   ■ 表面ハードコート化
2. 課題
   □ 透明性
   □ 耐熱性
   □ 材料強度
   □ 耐衝撃性
   □ 耐候性
   □ 加工性
   □ コスト

表3　ガラスと代表的な透明樹脂の物性

	ガラス	PMMA	PC	COP/COC
比重	2.5	1.2	1.2	1.0
光線透過率（%）	92	93	90	92
ガラス転移温度（Tg（℃））	—	105	140	104～171
熱変形温度（HDT（℃））	—	93～95	121	123～162
屈折率（n_d）	1.5	1.49	1.59	1.53
表面硬度	9H	2H	2B	HB～F
耐擦傷性（テーバー試験）	$\Delta H<2$	$\Delta H=25$	$\Delta H=50$	—
耐衝撃性（kgcm/cm）	—	1	12	2～6
吸水率（%）	—	0.3	0.15	<0.01
コスト（価格比較）	1	2～3	2.5～3.5	10～15

する方法として極めて有効な方法である。透明樹脂の複合化は，PMMA[21~26)]，PC[27~29)]，ポリスチレン（PS）[30,31)]など数多くの研究がなされている。無機物としてはシリカが，樹脂としてはPMMAが最もよく使用されている。これはシリカが安価で透明な材料で多くの原料が市販されていることやPMMAの屈折率（1.49）とシリカの屈折率（1.4～1.5）が近いことから，両成分の屈折率の違いに起因した光の界面反射が起こりにくく透明な複合材料を創製しやすいためである[32)]。透明樹脂をベースとしたガラス代替樹脂の開発は多数報告されており，既に多くの製品が市販されている。以下，代表的なガラス代替樹脂を幾つか紹介する（詳細は各社技術資料，カタログを参照）。

　ハードコート剤やハードコート転写フィルムを透明樹脂にコートし，力学強度，表面硬度や耐擦傷性を向上した樹脂カバーや樹脂ガラスが開発されている。開発された樹脂カバーはPC/

自動車への展開を見据えたガラス代替樹脂開発

表4 ガラス代替樹脂として開発された製品

(1) ハードコート付き樹脂カバー (大日本印刷)
■ PC/PMMA 共押し出しシートの両面にハードコート処理
■ 材料特性
 ・鉛筆硬度:9H
 ・耐摩傷性 (スチールウール試験):良好
 ・屈曲性 (マンドレル試験):1.0 mm厚,140 mmφ/0.5 mm厚,90 mmφ
■ 光学特性
 ・透過率:91.2% ・ヘイズ:0.4%
 ・接触角 (耐指紋性):水:103°,油:56°

(2) シルプラス (新日鐵住金化学)
■ シルセスキオキサン (POSS) 系有機−無機ナノハイブリッド
■ 鉛筆硬度:9H (シルプラス J200)
■ 全光線透過率:90〜91%,ヘイズ:0.4〜0.5%
■ 引張弾性率:2,400 MPa
■ プロセス耐熱 (大気下,1h):160℃
■ 耐摩過性 (スチールウール):100回以上
■ 耐薬過性 (有機溶剤・酸・アルカリ 23℃24h浸漬):変化なし

(3) オルガ (ORGA,日本合成化学)
■ 紫外線硬化性ウレタンアクリレート
■ ガラスと同等の透明性を持ち,光学歪が0 (ゼロ)
■ 鉛筆硬度:3H/5H/7H
■ 耐熱性:>200℃
■ 軽量で割れにくく,優れた加工性
■ 傷つきにくく,優れた耐薬品性

(4) リプティ (REPTY DC100,リケンテクノス)
■ ガラス代替光学用フィルム
■ 高耐久性
■ 優れた加工性
■ 全光線透過率:>91%
■ 鉛筆硬度:9H
■ 線膨張係数:10 ppm (30〜250℃)

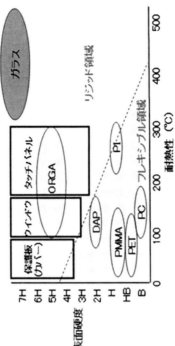

第 1 章　ガラス代替樹脂開発

PMMA 共押し出しシートの両面にハードコート処理し，高い透明性（光線透過率：91.2 ％，ヘイズ：0.4 ％）と表面硬度（鉛筆硬度：9 H）を持つ（表 4(1)）。POSS をハイブリッド化した有機―無機ナノハイブリッドも開発されている[33]。POSS は分子末端に多数の反応性官能基を持ち，ランダム，かご型およびラダー型の構造の異なる 3 つのタイプがあり，シリカとシリコーンの両特性を持つ。この POSS 系ハイブリッド材料（シルプラス J200）は，全光線透過率：90〜91 ％，ヘイズ：0.4〜0.5 ％でガラスと同等の表面硬度（鉛筆硬度；9 H，）を示す（表 4(2)）。UV 硬化性ウレタンアクリレートを原料としたガラス代替光学シート（オルガ（ORGA））も開発されている。ガラスと同等の透明性を持ち，光学歪がゼロで鉛筆硬度が 3 H，5 H および 7 H の 3 種類が開発されている（表 4(3)）。また，同様のガラス代替光学用フィルムとしてリプティ（REPTY DC100）も開発されている。このフィルムも高耐久性で優れた加工性を持ち，全光線透過率が 91 ％以上で鉛筆硬度が 9 H を示す高硬度フィルムである（表 4(4)）。このように近年，ハイブリッド材料をベースにした数多くのガラス代替樹脂が開発され市販されている。

2.4　おわりに

　ゾル―ゲル法や表面修飾シリカ微粒子を使用した透明樹脂―シリカナノハイブリッドを中心にシリカ複合化による透明樹脂の高機能化とガラス代替樹脂への応用について述べた。シリカの複合（ハイブリッド）化は耐熱性，力学強度（弾性率），寸法安定性（熱膨張係数），表面硬度，耐摩耗性，耐候性，耐薬品性や難燃性などの特性を向上させ，透明樹脂ベースのガラス代替材料を調製する方法としては極めて優れた方法である。シリカを複合化した有機―無機ナノ複合材料は開発が始まって 30 年近くが過ぎ，この間に数多くの複合材料が開発され既に成形材料，塗料，ハードコート剤などに事業化されている。特に，市場ニーズや要望の大きい省エネルギーで環境に優しいガラス代替材料はハイブリッド材料の特性を生かした応用分野であり，表面硬度が高く耐摩耗性に優れた透明で高耐熱なハイブリッド材料は自動車外装部材，ディスプレイ材料や光学フィルムとして今後も新規な材料開発が大いに期待される。

文　　　　　献

1)　中條澄，ポリマー系ナノコンポジット，工業調査会（2003）
2)　山田保治，日本ゴム協会誌，**79**，14-21（2006）
3)　宇加地孝志，機能材料，**19**，34（1999）
4)　山田保治，UV 硬化樹脂の配合設計，特性評価と新しい応用，199-214，技術情報協会（2017）
5)　中條澄，原田陽一，*Kolloid Z.*，**201**，66（1965）
6)　Edwin P. Plueddemann, "Silane Coupling Agents", Plenum Press（1991）

7) C. J. Brinker and G. W. Scherer, "Sol-Gel Science, The physics and chemistry of Sol-Gel Processing", Academic Press（1990）

8) S. Sakka Ed, "Handbook of Sol-Gel Science and Technology", Kluwer Academic Publishers（2005）

9) Ralph K. Iler, "The Chemistry of Silica: Solubility, Polymerization, Colloid and Surface Properties and Biochemistry of Silica", Wiley（1979）

10) Horacio E. Bergna, William O. Roberts, "Colloidal Silica: Fundamentals and Applications", CRC Press（2005）

11) R. H. Baney *et al.*, *Chem. Rev.*, **95**, 1409（1995）

12) 金子芳郎，井伊伸夫，高分子論文集，**67**，280-287（2010）

13) Y-Y. Yu, C-Y. Chena, W-C. Chen, *Polymer*, **44**, 593-601（2003）

14) 機能性ハードコート材料技術，サイエンス&テクノロジー（2013）

15) 透明樹脂・フィルムへの機能性付与と応用技術，技術情報協会（2014）

16) T. C. Chang, Y. T. Wang, Y. S. Hong, Y. S. Chiu, *J. Polym. Sci., Part A: Polym. Chem.*, **38**, 1972-1980（2000）

17) C. F. Bohren, D. R. Human, "Absorption and Scattering of Light by Small Particles", John Wiley & Sons（1983）

18) 小原禎二，日本ゴム協会誌，**79**，36（2006）

19) 宇加地孝志，プラスチック表面処理技術と材料，67，シーエムシー出版（2005）

20) 高分子，**64**（7），特集 ガラスに挑む高分子材料（2015）

21) Y-L. Liu, C-Y. Hsu, K-Y. Hsu, *Polymer*, **46**, 1851-1856（2005）

22) L. A. Fielding, J. Tonnar, S. P. Armes, *Langmuir*, **27**, 11129-11144（2011）

23) B. Wen, Y. Dong, L. Wu, C. Long, C. Zhang, *Mater. Sci. Eng.*, **87**, 1-5（2015）

24) J-M. Yeh, C-J. Weng, K-Y. Huang, C-C. Lin, *J. Appl. Polym. Sci.*, **101**, 1151-1159（2006）

25) H. Sugimoto, K. Daimatsu, E. Nakanishi, Y. Ogasawara, T. Yasumura, K. Inomata, *Polymer*, **47**, 3754-3759（2006）

26) P. S. Chinthamanipeta, S. Kobukata, H. Nakata, D. A. Shipp, *Polymer*, **49**, 5636-5642（2008）

27) 荒川源臣，島田雅之，上利泰幸，須方一明，高分子論文集，**57**，180-187（2000）

28) M. Arakawa, K. Sukata, M. Shimada, Y. Agari, *J. Appl. Polym. Sci.*, **100**, 4273-4279（2006）

29) 須方一明，ネットワークポリマー，**30**，220-227（2009）

30) R. Tamaki, K. Naka, Y. Chujo, *Polymer Bulletin*, **39**, 303-310（1997）

31) H. Zhang, X. Lei, Z. Su, P. Liu, *J. Polym. Res.*, **14**, 253-260（2007）

32) G. Lucovsky, M. J. Manitini, J. K. Srivastava, E. A. Irene, *J. Vac. Sci. Technol.*, **B5**, 530（1987）

33) K. Hayashi, *NEW GLASS*, **25**, 16-19（2010）

3 アクリル系透明耐熱ポリマーの材料設計

松本章一[*]

3.1 はじめに

　高機能性の透明ポリマーは，家電，自動車，光通信・コンピュータ，薄型ディスプレイ，タッチパネル，太陽電池，有機 EL デバイスなどを含めた様々な用途に欠かせない材料であり，汎用透明樹脂であるポリメタクリル酸メチル（PMMA）やポリカーボネート（PC）と異なる機能や特徴をもつポリマーが求められている[1~7]。透明ポリマー材料の設計では，軽量で強靭性に優れたポリマー独自の特性を生かした応用が期待され，高耐熱性と高透明性の両方を兼ね備えた新規アクリルポリマー材料の開発に期待が集まっている。ここでは，ラジカル重合による高耐熱透明性アクリル樹脂の設計のための基本的な考え方を示し，耐熱性を付与した高透明アクリルポリマーの開発事例をいくつか紹介する。

3.2 アダマンチル基の導入による耐熱性アクリルポリマーの設計

　一般に，ポリマーの耐熱性は，熱変形温度や融点が高い，高温で電気・機械・光学特性などポリマーがもっている性能や特性が変化しない，熱分解開始温度が高い，使用条件下で長期間使用しても劣化がみられない，などの点から評価される[8]。短時間の加熱では見かけ上変化しない場合でも，長期間の使用中に劣化が避けられない場合があり，温度だけでなく時間因子も判断の基準に加える必要がある。耐熱性は，可逆な変化である物理的耐熱性と，不可逆な変化である化学的耐熱性に分類される。非晶ポリマーや部分結晶性ポリマーの非晶領域の熱特性は，ガラス転移温度（T_g）を用いて評価される。後者の結晶領域の熱特性は，融点や結晶化温度を用いて評価される。一方，熱分解は，不可逆な化学反応過程であり，材料の劣化をもたらす要因のひとつとなる。熱分解の機構は試料をとりまく雰囲気に依存し，酸素が存在するとポリマーは発熱的に分解するが，アルゴンや窒素などの不活性ガス中や大気から遮断された環境では吸熱的な分解が進行する。

　アクリルポリマーは，優れた成形性をもち，安価で大量合成が容易である。また，ラジカル重合や共重合によって合成されるため，用途に合わせて様々なグレードのポリマーが要求される分野に適している。近年，リビングラジカル重合法の著しい進展により，分子量，分子量分布，末端基構造，シークエンス構造，分岐構造などを精密に制御したポリマーが合成できるようになり，適用できる応用分野や用途が急激に拡大している[9,10]。ただし，主鎖の繰り返し構造中に官能基，ヘテロ原子，環構造などを含む縮合系ポリマー（重縮合，重付加，付加縮合などによって得られるポリマー）と比較すると材料強度や耐熱性の面で及ばないことも事実であり，アクリルポリマーの繰り返し単位の主鎖骨格構造がC—C結合で構成され，主鎖中に回転が容易なメチレン基

　＊　Akikazu Matsumoto　大阪府立大学大学院　工学研究科　物質・化学系専攻
　　　　　　　　　　　　　応用化学分野　教授

自動車への展開を見据えたガラス代替樹脂開発

を含むためである。

　ポリマーの繰り返し構造中にかさ高い環状の構造を導入すると，高 T_g ポリマーを得ることができる。表1に示す物性値をもつアダマンタンは対称性の高い安定な環構造をもち，分子の歪みエネルギーが小さい，熱安定性に優れている，炭化水素中で最も高い融点をもつ，炭素と水素のみの元素で構成され疎水性が高い，結晶の格子間力が弱く優れた潤滑性や高い昇華性を示す，置換反応によって橋頭位を容易に修飾でき様々な誘導体に変換できるなど，通常の有機化合物と異なる特徴をもつ[11,12]。アダマンチル基を含むポリマーの合成例を図1に示す[12～19]。いずれのポリマーも高い分解開始温度（5%重量減少温度，T_{d5}）や高い T_g 値を示すことが報告されている。

表1　アダマンタンの物性値

分子式：$C_{10}H_{16}$（分子量 136.23）
融点：269℃
密度：1.07 g/cm^3
屈折率（n_D）：1.568
蒸気圧：$\ln P$ (mmHg) $= 50.27 - (8416/T) - 4.2111 \ln T$
生成熱：33.0 kcal/mol（25℃，固体）
燃焼熱：440 kcal/mol（25℃，固体）
比熱：45.35 cal/mol deg（25℃）
昇華熱：14.21 kcal/mol（27℃）
三重点：460℃/27 kbar

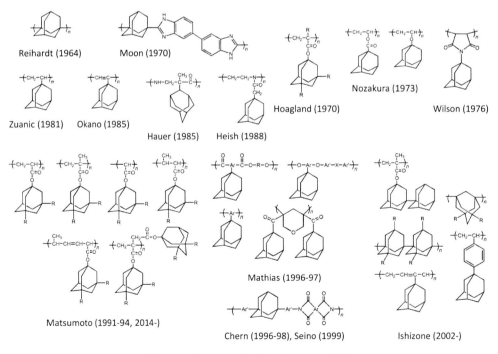

図1　アダマンチル基を含むポリマーの構造

第1章　ガラス代替樹脂開発

ラジカル重合で合成したポリメタクリル酸1-アダマンチル（PAdMA）の T_g は T_{d5} 値に比べてさらに高く，PAdMA を加熱すると，熱可塑性を示さずにガラス状態を保ったまま分解反応が進行する[14]。ビニルモノマーをランダム共重合することによって T_g やそれ以外の物性を調整することができる[14,20]。アダマンチル基の導入ほど顕著な効果はみられないものの，他のシクロアルキルエステルを含むポリマーも，環の運動性やかさ高さに応じて，高い T_g を示す[21~25]。例えば，ポリメタクリル酸デカヒドロナフチル（PDNMA）の側鎖エステル基は4種類の異性体構造（Ⅰ～Ⅳ）を含み，それら異性体の構造とポリマー物性の関係が調べられ，T_g や光学特性の比較に加えて，シクロアルキル基のコンフォメーション変化や動的構造制御と物性との相関が検討されている。シクロアルキル基の異性体構造を制御することによって，屈折率（n_D）やアッベ数（ν_D）などの光学特性を一定に保持したまま，T_g を調整できる（表2）[22]。

アクリル酸エステルは高い重合反応性をもつため，多官能性モノマーとして熱あるいは光硬化性樹脂として広く利用されている。ポリアクリル酸エステルは，通常，室温以下の低い T_g をもち，柔軟性や流動性のある低 T_g ポリマー材料として，粘着剤などに利用されることが多い。ここで，ポリアクリル酸エステルの側鎖にかさ高いシクロアルキル基を導入すると，ポリメタクリル酸エステルと同様に，高 T_g ポリマーとしての利用が可能になる。特に，ポリアクリル酸アダマンチル（PAdA）は150℃以上の高い T_g を有し，かつポリアクリル酸エステルの T_{d5} がポリメタクリル酸エステルに比べて約100℃高い（$T_{d5} > 300$℃）という特徴的な熱的性質を示す[26,27]。PAdA は物理的にも化学的にも耐熱性に優れたポリマー材料であるため，メタクリル樹脂に代わる高透明樹脂としての用途が期待できる。

PAdA は，高 T_g ポリマーとしての特徴を示すものの，柔軟性に関して十分でなく，アクリル酸 n-ブチル（nBA）やアクリル酸 2-エチルヘキシル（HEA）と組みあわせたブロック共重合体の熱安定性，光学特性，機械特性などが評価されている。ここで，有機テルル化合物を用いたリビングラジカル重合を用いると，精密にブロックシークエンスを制御した共重合体が合成できる[26]。最初に AdA の重合を行い，続いて第2モノマーとして nBA，あるいは nBA と HEA の

表2　種々の高耐熱透明アクリル系ポリマー材料の物性値

ポリマー	T_g (℃)	密度 (g/cm³)	n_D	ν_D	%T (380 nm)
PDNMA-Ⅰ	142.7	1.04	1.489	44	97
PDNMA-Ⅱ	139.3				
PDNMA-Ⅲ	146.2	1.10	1.489	42	97
PDNMA-Ⅲ/Ⅳ	152.9				
PMMA	105	1.14	1.490	53	96
PCHMA	79	1.10	1.506		
PDiPF	>200		1.464	52	97
P(DiPF-co-AdA)-37/63	126		1.478	43	95
P(DiPF-co-BoA)-28/72	110		1.479	40	

自動車への展開を見据えたガラス代替樹脂開発

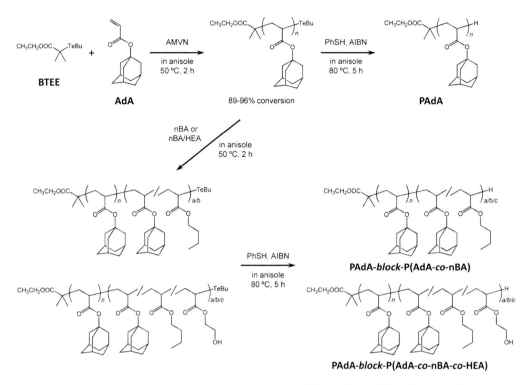

図2 アダマンチル基を含むアクリレートブロック共重合体の合成経路の例（TERP法）

混合物を添加するとブロック共重合体が生成する（図2）。重合完了後，ポリマーを単離する前に，少量のチオフェノールを添加して加熱することにより，ポリマー末端の交換反応が定量的に進行し，アルキルテルル停止末端がすべて水素に置き換わる。この操作により，ポリマーの安定性が向上し，加熱成形時に着色などが起こらなくなる。重合の順番を入れ替えることも可能であり，ソフトセグメントとなるnBAの重合を先に行い，後でハードセグメントのAdAを重合することもできる。重合のどの段階でHEAを添加するかによって，ブロック共重合体中への極性基の導入位置を選択できる。HEAの代わりにブロック共重合体中にアクリル酸 tert-ブチル（tBA）を導入してから熱分解によってアクリル酸（AA）に変換することも可能である。HEAやAA単位の導入は，分子間水素結合によるポリマーの機械的特性の向上に有効である。

様々なシークエンス構造のブロック共重合体の重量平均分子量（M_w），分子量分布（M_w/M_n），T_{d5}，T_gを表3にまとめる[26)]。いずれのブロック共重合体も高いT_{d5}を示し，それぞれハードセグメントとソフトセグメントの繰り返し構造に対応したT_gを示す。両セグメントはいずれもポリアクリル酸エステルであるが，アダマンチル基は疎水性が高く，極性に大きな差が生じるために相容性を示さず，結果としてブロック共重合体はミクロ相分離構造を形成する。このことは，DSCやAFM測定の結果から確かめられている。これらブロック共重合体は，PAdAと同様，いずれも高い透明性を示し，n_Dやν_D値もほぼPAdAと同様であり，形成されるミクロ相分離

第 1 章　ガラス代替樹脂開発

表 3　TERP 法で合成した AdA ブロック共重合体のシークエンス構造,
重量平均分子量, 分子量分布および熱的性質

ポリマーのシークエンス構造	$M_w/10^5$	M_w/M_n	T_{d5} (℃)	T_g (℃)
PAdA［ホモポリマー］	2.31	1.48	358	156
PnBA［ホモポリマー］	1.61	1.19	346	−53
P(AdA$_{75}$-co-nBA$_{25}$)［ランダム共重合体］	2.87	1.85	364	25
PAdA$_{32}$-b-P(AdA$_1$-co-nBA$_{67}$)	1.44	1.29	359	−49, 145
PAdA$_{50}$-b-P(AdA$_2$-co-nBA$_{48}$)	1.86	1.44	343	−50, 151
PAdA$_{51}$-b-P(AdA$_2$-co-MA$_{47}$)	2.06	1.44	354	10, 149
PnBA$_{32}$-b-P(nBA$_4$-co-AdA$_{64}$)	1.45	1.21	378	−50, 127
PnBA$_{24}$-b-P(nBA$_1$-co-AdA$_{75}$)	1.60	1.23	360	−47, 133
PnBA$_{18}$-b-P(nBA$_3$-co-AdA$_{79}$)	2.36	1.24	361	−54, 137
PAdA$_{43}$-b-P(AdA$_2$-co-nBA$_{50}$-co-HEA$_5$)	2.04	1.50	340	−38, 152
PAdA$_{43}$-b-P(AdA$_5$-co-nBA$_{44}$-co-HEA$_8$)	2.36	1.43	343	−27, 152
PAdA$_{43}$-b-P(AdA$_3$-co-nBA$_{41}$-co-HEA$_{14}$)	2.34	1.37	349	−18, 149
PnBA$_{45}$-b-P(nBA$_3$-co-AdA$_{43}$-co-HEA$_9$)	1.98	1.34	335	−50, 92
PAdA$_{44}$-b-P(AdA$_1$-co-nBA$_{50}$-co-AA$_5$)	1.79	1.26	345	−25, 149
PAdA$_{42}$-b-P(AdA$_2$-co-nBA$_{47}$-co-AA$_9$)	2.14	1.33	350	4, 153
PAdA$_{43}$-b-P(AdA$_1$-co-nBA$_{43}$-co-AA$_{13}$)	2.10	1.29	342	36, 154

表 4　TERP 法で合成した AdA ブロック共重合体の光学的性質および吸水率

ポリマー	可視光透過率 (380 nm)	n_D	ν_D	吸水率 (%) (室温, 72 時間後)
PAdA	92.8	1.4913	45.3	0.42
PMMA	94.0	1.4916	54.3	0.66
PAdA$_{50}$-b-P(AdA$_2$-co-nBA$_{48}$)	92.8	1.4915	46.5	0.41（48 時間後）
PAdA$_{43}$-b-P(AdA$_2$-co-nBA$_{50}$-co-HEA$_5$)	92.4	1.4918	45.0	0.55
PAdA$_{43}$-b-P(AdA$_5$-co-nBA$_{44}$-co-HEA$_8$)	91.4	1.4923	44.1	0.65
PAdA$_{43}$-b-P(AdA$_3$-co-nBA$_{41}$-co-HEA$_{14}$)	90.7	1.4943	42.3	0.75
PAdA$_{44}$-b-P(AdA$_1$-co-nBA$_{50}$-co-AA$_5$)	92.6	1.5026	42.1	0.42
PAdA$_{42}$-b-P(AdA$_2$-co-nBA$_{47}$-co-AA$_9$)	91.0	−	−	0.46
PAdA$_{43}$-b-P(AdA$_1$-co-nBA$_{43}$-co-AA$_{13}$)	89.7	−	−	0.51

構造のオーダーが可視光の波長に比べて十分小さく, ブロック共重合体の光学特性にほとんど影響を与えない（表 4）。また, PAdA の室温 72 時間後の吸水率は 0.42%（PMMA では同条件下で 0.66%）と低く, HEA や AA のような極性基を含む共重合体でも 0.42%〜0.75% の低吸水率の範囲内に留まる。さらに, これらブロック共重合体の粘弾性測定や引張試験結果から, ヒドロキシ基やカルボキシ基などの極性基の導入による分子間の水素結合の形成により, 弾性率, 引張破断伸びおよび引張破断強度がいずれも向上することや, ポリマー中に含まれる官能基を利用してジイソシアネート架橋すると, さらに破断強度が数倍向上することも報告されている[26]。

3.3 ポリ置換メチレン構造を利用した耐熱ポリマーの設計

ビニルポリマーの主鎖は炭素原子のみで構成され，回転が容易なメチレン基を含むため，ポリマー構造は柔軟となる。一方，主鎖炭素上に全て置換基を導入した構造をもつポリ置換メチレンは，主鎖中に柔軟なメチレン基を含まず，分子鎖の回転に制約が生じ剛直な分子構造となるため，屈曲性ポリマーの通常のランダムコイルに比べてより広がったコンフォメーションをとる。ポリ置換メチレンは，フマル酸エステルなどの1,2-ジ置換エチレンモノマーの重合によって合成することができ，これまでにポリフマル酸エステルの希薄溶液物性，動的粘弾性，固体NMR測定，表面分析，薄膜電気特性などの詳細な解析が行われ，ポリ置換メチレン鎖の特徴が明らかにされている[28,29]。フマル酸エステルは，共役モノマー，非共役モノマーを含めて多くのビニルモノマーとの組み合わせでラジカル共重合が可能であり，電子供与性のスチレン，ビニルエーテル，酢酸

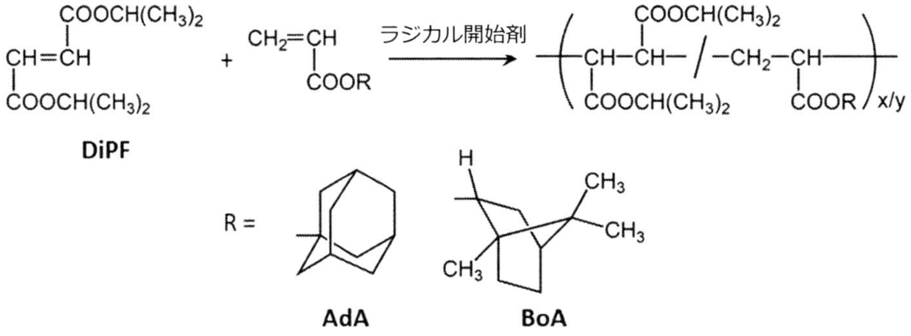

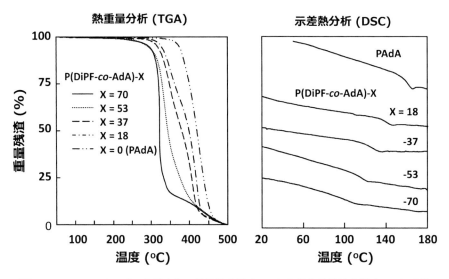

図3 フマル酸ジイソプロピル（DiPF）とアクリル酸エステル（AdA, BoA）の
ラジカル共重合によるランダム共重合体の合成

図4 DiPF/AdA ランダム共重合体の熱重量分析（TGA）曲線と示差熱分析（DSC）曲線
（窒素雰囲気中，昇温速度 10℃/min）

第1章　ガラス代替樹脂開発

ビニルなどとの共重合から交互性の高い共重合体が生成する[30]。一方で，電子受容性モノマーであるアクリル酸エステルとはランダム共重合が進行し，共重合体の組成を変化させて物性を制御することができる[31]。AdA やアクリル酸ボルニル（BoA）との組み合わせでフマル酸ジイソプロピル（DiPF）とのラジカル共重合を行うと，高 T_g を維持したままで組成の異なるランダム共重合体を合成することができる[31]（図3）。生成する共重合体中の AdA 組成に応じて，T_{d5} や T_{max} の値はいずれも高くなり（図4），AdA が熱分解安定性に大きく寄与することがわかる。T_g 値も AdA 含量に応じて 80℃ から 150℃ 付近まで変化する。逆に，DiPF 組成が増えるにしたがって共重合体のポリマー鎖の回転運動が制限されるため，AdA 含量が低い共重合体の粘弾性測定を行うと，100℃ 付近に DiPF のホモポリマーと同様の分散挙動（側鎖エステル基の回転など）が観測され，さらに高温域で弾性率は一定値を保持し，急激な低下は観察されない（図5）。AdA 含量が高くなると通常の T_g に相当する緩和が明確に観察されるようになり，AdA 含量の増大に伴って T_g は上昇すると同時に，T_g 以上の温度領域で急激な貯蔵弾性率 E' の低下が認められ，通常のビニルポリマーの粘弾性挙動に近くなる[31]。同様の粘弾性挙動は BoA など他のかさ高いエステル基をもつモノマーとの共重合体でも観察されている。これらかさ高い側鎖置換基をもつ高透明アクリルエステルおよびフマル酸エステル共重合体の光学特性の比較を表2および図6に示す。いずれも従来のアクリルポリマーの光学的な特徴とほとんど変わらない光学特性を示すことがわかる。

ポリマー構造制御に用いられる代表的なリビングラジカル重合として，図7に示すニトロキシ

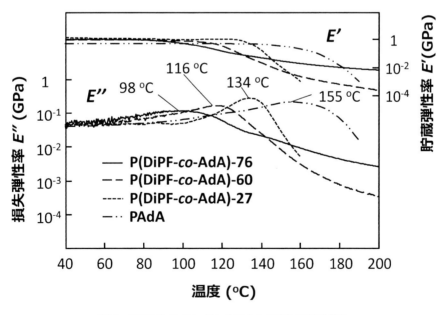

図5　DiPF/AdA ランダム共重合体の動的粘弾性挙動
（周波数1Hz，昇温速度2℃/min）

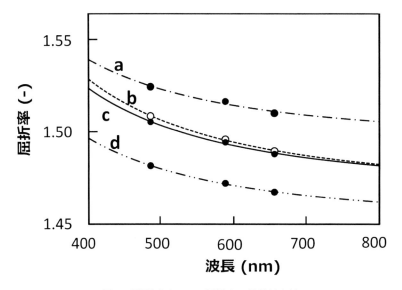

図6 透明ポリマーの屈折率の波長依存性
(a) PMMA, (b) DiPF/BoA ランダム共重合体 (DiPF 含量 28 mol%), (c) DiPF/AdA ランダム共重合体 (DiPF 含量 37 mol%), (d) PDiPF

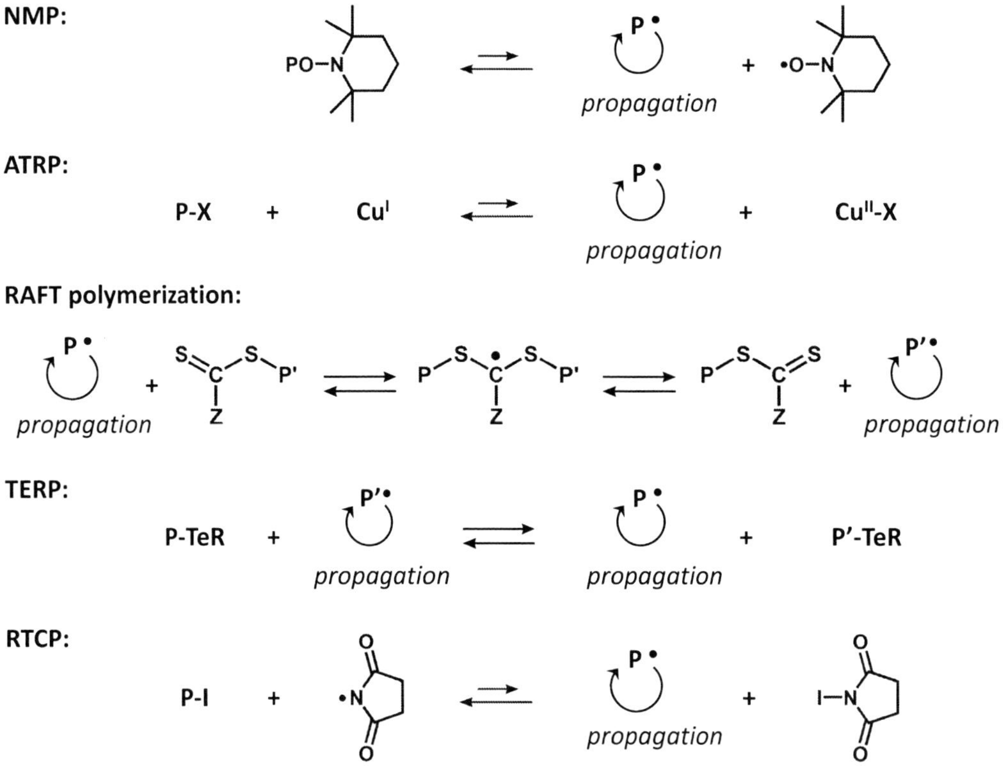

図7 代表的なリビングラジカル重合のドーマント種と活性種の平衡

第1章　ガラス代替樹脂開発

ド媒介ラジカル重合（NMP），原子移動ラジカル重合（ATRP），可逆的付加開裂連鎖移動（RAFT）重合，TERP，可逆連鎖移動触媒重合（RTCP）などが知られている[9,10]。これら重合にはそれぞれ特徴があり，ポリマー構造の精密制御に適した重合条件などを最適化する必要がある。DiPF のリビングラジカル重合には RAFT 重合が最も適しており[32]，高田らは数種のジチオベンゾエート型の連鎖移動剤（CTA）を用いて DiPF の重合制御の詳細な比較を行っている[33]。RAFT 重合で反応を制御し，構造が制御されたポリマーを効率よく得るためには，CTA の Z 基，R 基と呼ばれる置換基（図8）を適正に選択することが重要である。RAFT 重合では，成長末端ラジカルや開始剤の一次ラジカルが CTA の C＝S 結合に付加して付加物ラジカルを形成することで，可逆的な連鎖移動反応が起こり，重合反応が制御される。Z 基の構造が付加物ラジカルの安定性にかかわるため，Z 基が連鎖移動反応速度に大きな影響を及ぼす。また，重合初期段階では付加物ラジカルから素早く R 基部分が開裂し，生成する R·がモノマーへ速やかに開始反応を行うことが求められる。高田らは，一般的に高い連鎖移動定数をもつとされる Z 基がフェニル基であるジチオベンゾエート型 CTA の中で，異なる R 基構造をもつ種々の CTA を用いた DiPF の RAFT 重合を行い，分子量や多分散度，末端基導入率の解析結果により，R 基構造が DiPF の重合制御に与える影響を明らかにしている[33]。

　トリチオカーボネート化合物は，ジチオベンゾエート化合物と同様，多くの共役モノマーの RAFT 重合に有効な CTA であり，トリチオカーボネート型 CTA を用いた DiPF の重合制御が報告されている。トリチオカーボネートの付加開裂挙動は，R 基の構造によって大きく異なる。図9に示すように，トリチオカーボネート型 CTA は3種類（Type I から Type III）に分類で

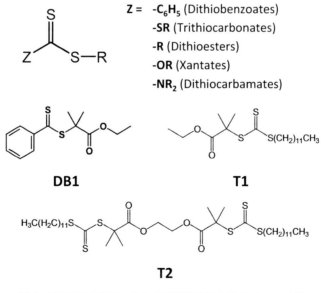

図8　RAFT 重合に用いられる連鎖移動剤（CTA）とフマル酸エステルの重合制御に有効な CTA の構造

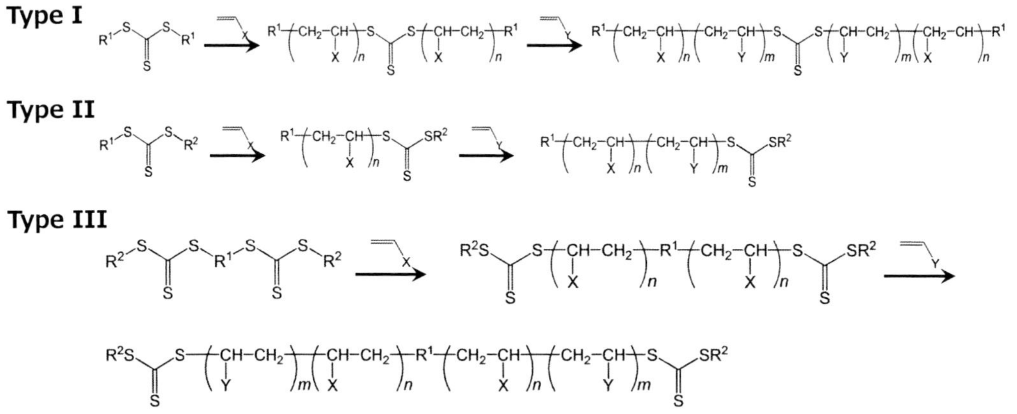

自動車への展開を見据えたガラス代替樹脂開発

Type I

Type II

Type III

図 9　トリチオカーボネート型 CTA の構造による分類と RAFT 重合の反応制御機構

き[34]，CTA のラジカル開裂挙動に応じて，ブロック共重合体のシークエンス構造やポリマー鎖に取り込まれる CTA 残基の導入位置は異なる形となる。Type I に示す対称型で 2 官能性の CTA を用いると R^1 からポリマー鎖が成長し，CTA に連鎖移動してドーマント種を形成するため，トリチオカーボネート基はポリマーの中央部に取り込まれる。生成したポリマーをマクロ連鎖移動剤（macro-CTA）として用いて異なるモノマーを重合すると，2 段階の重合で簡便に ABA 型のブロック共重合体を合成することができるが，ポリマーの中央部に導入されたトリチオカーボネート基はポリマーの化学的および熱安定性を低下させ，ポリマーの着色の原因になる。Type II の CTA は非対称型のアルキル置換基（R^1, R^2）をもち，R^2 が共役置換基を含まない単純なアルキル基の場合，C—S 結合は安定であるためラジカル解離は R^1 側のみで起こり，2 段階の重合で AB 型のブロック共重合体を生成する。Type III の CTA の両端の R^2 とトリチオカーボネート基間の C—S 結合は安定であり，内側の R^1 とトリチオカーボネート基間の C—S 結合は選択的に切断し，R^1 から 2 方向にポリマー鎖が成長する。重合中，トリチオカーボネート化合物は常にポリマーの両末端基として存在し，2 段階の重合によって ABA 型トリブロック共重合体が生成する。トリブロック共重合体の生成後に，ポリマー鎖末端のトリチオカーボネート基を除去することが可能であり，透明耐熱トリブロック共重合体の合成に適している。

　1 官能性および 2 官能性トリチオカーボネート型 CTA（T1 および T2，図 8）を用いた DiPF のリビングラジカル重合挙動が明らかにされ，ジチオベンゾエート型 CTA である DB1 を用いた重合結果と比較が行われている（図 10）[34]。T1 および T2 を用いた RAFT 重合によって合成した PDiPF の ^{1}H NMR スペクトルには，PDiPF の繰り返し単位に見られるピークに加えて，ポリマー末端に結合しているドデシルトリチオカルボニル基のアルキル末端メチル基のピーク，さらにポリマー鎖のもう一方の末端に含まれるエチルエステル構造，あるいはポリマー鎖中央に含まれる 1,2-エチニレン構造（$-CH_2CH_2-$）のピークが観測できる。SEC 測定で得られた M_n の値と NMR スペクトルのピーク強度比からトリチオカーボネート基と R 基のポリマーへの導入率

第1章　ガラス代替樹脂開発

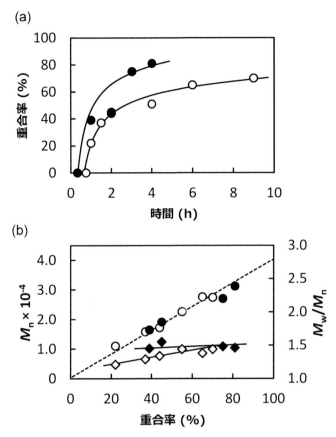

図10　(a) フマル酸ジイソプロピル (DiPF) の RAFT 重合における時間—重合率および (b) 重合率—M_n ならびに M_w/M_n の関係
（バルク重合，80℃）：T1（●，◆），DB1（○，◇），[DiPF]/[MAIB]/[CTA] = 200/0.35/1（モル比），破線は計算値

を決定すると，重合率が大きくなるにつれて，末端基導入率のわずかな低下が認められるものの，DB1と同等の90％以上の高い導入率を保持できることがわかった。1官能性のmacro-CTAであるPDiPF-T1と2官能性macro-CTAであるPDiPF-T2を用いて2EHAの重合を行うと，いずれの場合も数時間内の重合で高重合率に達し，生成ポリマーのM_nは重合率の増加とともに直線的に増加し，理論値ともよく一致した。M_w/M_n値が1.27～1.41であること，2EHAホモポリマーの生成は認められなかったこと，SECデータと^{1}H NMRスペクトルからそれぞれ見積もったブロック共重合体中のDiPFモル分率がよく一致したことなどから，2段階目の2EHAの重合が高度に制御されていることが確認されている。末端RAFT基がP2EHAと結合しているジブロック共重合体PDiPF-*block*-P2EHAもしくはトリブロック共重合体P2EHA-*block*-PDiPF-*block*-P2EHAの末端RAFT基の*n*-ブチルアミンによる除去は容易に進行し，反応後のポリマーは無色へと変化する（図11）。さらに，トリチオカーボネート基の還元前後でトリブロック共重

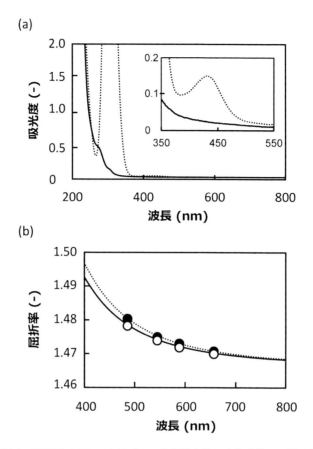

図11 PDiPF/P2EHA トリブロック共重合体の (a) 紫外—可視吸収スペクトルおよび (b) 屈折率の波長依存性
実線は末端基除去後,点線は末端基除去前

合体の屈折率が測定され,屈折率の値は還元前後でほとんど変化しないが,還元による着色の除去により低波長側の屈折率が若干低下し,アッベ数が向上することが見出されている[34]。

PDRF はポリ置換メチレン構造に由来する剛直な分子構造をもつため,ポリマー側鎖にかさ高いアダマンチル基を導入することによってユニークな特性を発現することが期待される。最近,辻らはアダマンチル基を含む非対称型のモノマーの RAFT 重合を行い,P2EHA とのトリブロック共重合体を合成している[35]。対称型のフマル酸ジ1-アダマンチル(DAdF)の融点は192℃と高く,溶解性も低いため,重合が困難であるが,アダマンチル基の3位と5位にメチル基を導入すると,アダマンタン骨格の対称性が崩れ,モノマーの融点は低下し,有機溶媒への溶解性も向上する。フマル酸ビス(3,5-ジメチル-1-アダマンチル)(BDMAdF)の融点は70℃であるため,BPO を用いた80℃でのバルク重合も可能となり,高重合率でポリマーが合成できる。さらに,DRF の片側のエステルにイソプロピル基を,もう一方にアダマンチル基を導入した非対称型のモノマーは室温で液状となる(図12)。フマル酸1-アダマンチルイソプロピル(AdiPF)および

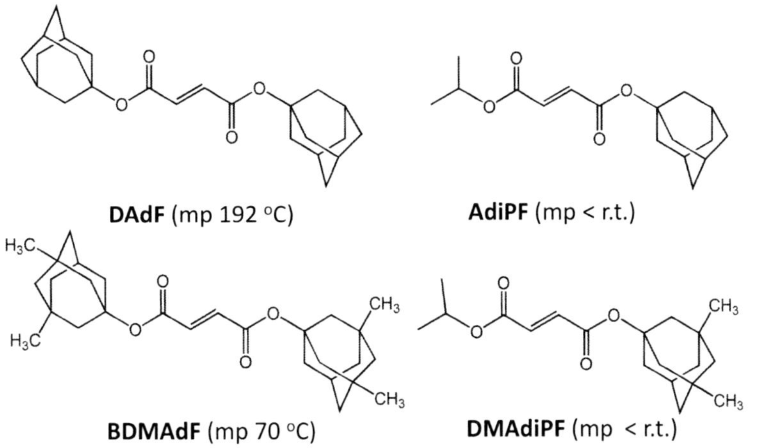

第 1 章　ガラス代替樹脂開発

DAdF (mp 192 ºC)　　　　　**AdiPF** (mp < r.t.)

BDMAdF (mp 70 ºC)　　　　**DMAdiPF** (mp < r.t.)

図 12　アダマンチル基を含むフマル酸エステルモノマー

　フマル酸 3,5-ジメチル-1-アダマンチルイソプロピル（DMAdiPF）のバルク重合によって，高分子量ポリマーが高収率で得られ，非対称型モノマーの RAFT 重合挙動が調べられると同時に，生成した PDRF を macro-CTA として用い，ポリアクリル酸エステルとの ABA 型トリブロック共重合体の合成が行われている[35]。PDRF あるいは PDRF セグメントを含むトリブロック共重合体は，X 線回折の低角領域に特徴的な反射を示し，2θ 値から見積もった d 値は剛直鎖セグメントの直径に相当し，剛直なポリマー鎖が凝集構造を形成していることが指摘されている。

3. 4　マレイミドを用いた耐熱性ポリマーの設計

　マレイミド共重合体が優れた耐熱性を有することは古くから知られ，ビニルモノマーのラジカル重合系への N-置換マレイミドモノマーの添加による汎用ポリマーの耐熱性向上がしばしば行われてきた[36~39]。マレイミド系共重合体の優れた熱的性質，すなわち，高 T_{d5} および高 T_g は，安定なイミド環構造と剛直なポリ置換メチレン構造の両方に由来する。マレイミドとスチレンやビニルエーテル類との共重合性に優れていることはよく知られ，電子供与性モノマーとのラジカル共重合で生成する交互共重合体も優れた熱安定性を示す。ここで，コモノマーとしてオレフィンを用いることもできる[40,41]。N-メチルマレイミドとイソブテンの交互共重合体は，高い熱安定性（$T_{d5} > 350℃$，$T_g > 150℃$）に加えて，優れた光学特性（可視光透過度 > 95 ％）と機械特性（曲げ強度 > 130 MPa，曲げ弾性率 > 4.5 GPa）をあわせもつ[11,12]。マレイミド共重合体，PMMA，PC の物性を比較した結果を表 5 に示す[42]。マレイミド共重合体が PMMA や PC と比べて遜色ないバランスよい高透明ポリマー材料であることがよくわかる。

　N-メチルマレイミド／イソブテン共重合体の T_g は 152℃であるが，アルキル鎖を直鎖状に伸ばすと T_g は低下し，アルキル置換基に分岐構造を含むと T_g は上昇する[36]。共重合体の主鎖近傍にかさ高い置換基を導入すると効果的に T_g が向上し，このモノマーをイソブテンからエキソ

35

自動車への展開を見据えたガラス代替樹脂開発

表5　代表的な透明ポリマーの特性比較

特性	MMI-IB 交互共重合体	PMMA	PC
光透過性（%）	91	92	88
ヘイズ（%）	1.5	1.3	1.7
屈折率	1.53	1.49	1.58
アッベ数	51	53	29
引っ張り強度（MPa）	72.6	65.7	63.7
曲げ強度（MPa）	129	113	92
曲げ弾性率（GPa）	4.81	3.14	2.16
衝撃強度（ノッチつき）（J/m）	16	10	740
熱変形温度（℃）	142	95	136
熱分解温度（℃）	396	303	454
線膨張係数（$\times 10^{-5}$ cm/cm ℃）	5.1	7.7	6.7
鉛筆硬度	3 H	3 H	2 B
表面硬度（M-スケール）	103	98	5

表6　種々のマレイミド共重合体の熱的性質および光学特性

共重合体の繰り返し構造	T_{d5} (℃)	T_{max} (℃)	T_g (℃)	n_D	ν_D
Poly (MMI-*alt*-IB)	396		157	1.53	51
Poly (BMI-*per*-BMI-*per*-O1)	371	425	105	1.514	48
Poly (BMI-*per*-BMI-*per*-O2)	357	420	108	1.510	48
Poly (BMI-*per*-BMI-*per*-O4)	345	420	123	1.511	46
Poly (BMI-*per*-BMI-*per*-B2)	377	422	148	1.503	48
Poly (EHMI-*per*-EHMI-*per*-B2)	377	428	95	1.498	52
Poly (EHMI-*per*-EHMI-*per*-B5)	376	426	− 13	−	−
Poly (EHMI-*per*-EHMI-*per*-B22)	312	404	− 68	−	−
Poly (BMI-*alt*-St)	378	429	131	1.543	42
Poly (EHMI-*alt*-St)	380	436	99	1.533	44
Poly (BMI-*alt*- αMSt)	339	379	165	1.542	41
Poly (EHMI-*alt*- αMSt)	338	381	114	1.536	42
Poly (EMI-*alt*-BC5)	344	381	203	1.559	38
Poly (BMI-*alt*-BC5)	341	381	158	1.554	40
Poly (EHMI-*alt*-BC5)	330	377	109	1.543	43

メチレン型のシクロアルケンに代えて共重合を行うと，高分子量で高 T_g の共重合体が設計できる[36, 43]。かさ高い置換基の導入による耐熱性の向上と機械的特性の低下はトレードオフの関係にあることが多く，両者を同時に向上させることは難しい。そこで，効果的に T_g 向上を実現するため，N-アルキル置換基にさらにヒドロキシ基やカルボキシ基などの極性基を導入した分子間での水素結合が利用される[44]。アルキル置換マレイミドとカルボキシ基を含むマレイミドを併用することにより，組成に応じて吸湿性を抑制しつつ，同時に T_g を向上できる。マレイミドとオレフィンの組み合わせによるラジカル共重合で生成する共重合体の熱的ならびに光学的性質を表

第1章　ガラス代替樹脂開発

6にまとめる[36]。また，これらマレイミド共重合体の繰り返し構造と原料モノマーの構造を図13に示す。いずれの共重合体も，概ね300℃以上のT_{d5}と350℃以上の最大分解温度（T_{max}）を示し，ビニル系ポリマーの中で最も熱安定性に優れたポリマーのひとつとして位置づけられる。これらマレイミド共重合体は多くの有機溶媒に可溶であり，キャスト法により良好な透明性を有するフィルムを容易に作成できる。これらフィルムは，可視光領域の波長全域に渡って90％以上の高い透過率を示す（図14）。

　ここで，フィルムの脆さは側鎖のアルキル置換基のかさ高さに応じて変化する。いずれのオレフィンとの組み合わせでも，用いたマレイミドの種類がMMI<EMI<BMI<EHMIの順に共重合体フィルムの柔軟性が増すが，同時にこの順でT_gが低下する。目的に応じて，マレイミドのN-置換基の構造を選択することで，200℃以上のT_gを有する高耐熱性ポリマーから，-70℃付近のT_gを有する高粘性液状ポリマーまで，様々な物性，形態のマレイミド共重合体を設計でき

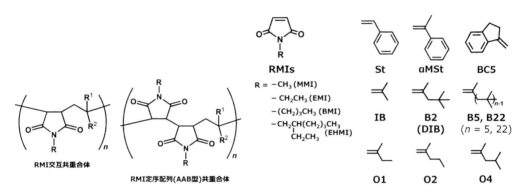

図13　マレイミド交互共重合体とマレイミド定序配列共重合体の繰り返し構造（左）と共重合に用いられるモノマー（右）

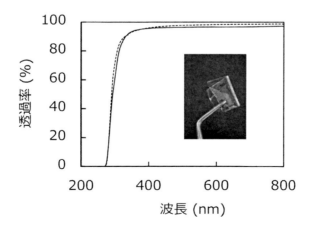

図14　マレイミド/BC5交互共重合体の紫外可視光透過率（実線 BMI，破線 EHMI）とフレキシブルフィルム（EHMI/BC5交互共重合体）の写真

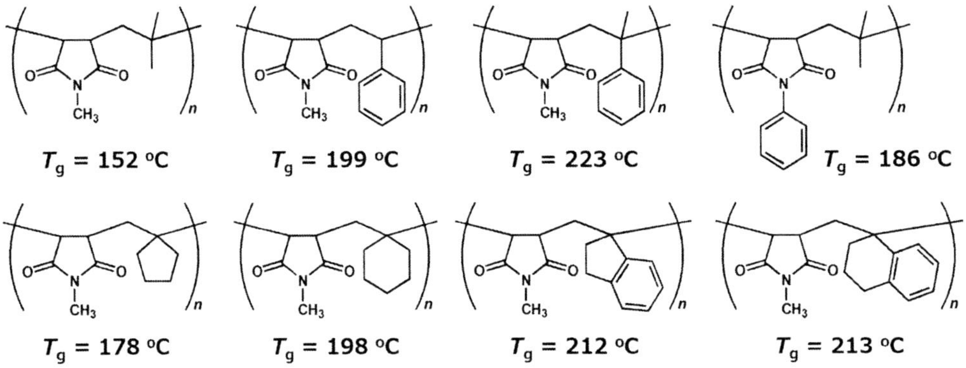

自動車への展開を見据えたガラス代替樹脂開発

T_g = 152 ºC　　T_g = 199 ºC　　T_g = 223 ºC　　T_g = 186 ºC

T_g = 178 ºC　　T_g = 198 ºC　　T_g = 212 ºC　　T_g = 213 ºC

図15　様々なマレイミド交互共重合体の繰り返し構造とガラス転移温度（T_g）

る[36,45]。高T_gポリマーを合成するための分子設計として，主鎖の近傍への環構造の導入が有効である（図15）。一方，イソブテンオリゴマーとマレイミドの共重合体のT_gは室温以下であり，末端に不飽和基を有するポリイソブチレン（ポリイソブチレンマクロモノマー，22量体）とEHMIから得られる共重合体のT_gは−68℃であり，櫛形のグラフトポリマーに近い構造をもつ[45]。

　表6からわかるように，芳香環を含むマレイミド共重合体のn_D値（589 nm）は1.53～1.56，ν_D値は38～44，芳香環を含まないマレイミド共重合体のn_D値は1.50～1.53，ν_D値は48～52の範囲の値を示す[36]。屈折率に関しては，PMMAやPCならびにその誘導体に対する値とほぼ同様の範囲，ν_D値はPCの値に比べてかなり大きく，PMMAと同様といえる。マレイミド共重合体や先に述べたポリフマル酸エステルのフィルムの紫外線ならびに放射線による劣化挙動が調べられ，これらポリマーはPMMAに比べて耐久性に優れることが指摘されている[46]。また，配向複屈折と光弾性複屈折の両方をゼロにすることができる高性能光学材料（ゼロ・ゼロ複屈折ポリマー）の合成のために共重合で使用するモノマーとしてマレイミドを用いた材料設計が多賀谷らによって報告され，従来行われていた3種類のメタクリル酸エステルのみの組み合わせと同様，配向複屈折と光弾性複屈折をともにゼロにすることが可能なマレイミド共重合体の光学物性が明らかにされている[47]。マレイミドを原料モノマー成分のひとつに組み入れることによって，ポリマーの優れた光学特性にさらに耐熱性が加わり，今後の材料開発や応用展開が注目される。

3.5　ポリマレイミドを含む有機無機ハイブリッドの合成

　N−アリルマレイミド（AMI）とイソブテンの交互共重合により，側鎖に反応性のアリル基を含む新規な熱・光硬化性ポリマーを合成することが可能であり，加熱や光照射による後反応によって耐熱性に優れた架橋体が得られる[48]。ラジカル共重合と高分子反応を組み合わせたマレイミド系の熱および光硬化性樹脂は，ポリイミドなどの重縮合反応による耐熱性の熱可塑性樹脂と，エポキシ樹脂などの光・熱硬化性樹脂の特徴を兼ね備えた新規な耐熱透明材料として注目さ

第 1 章　ガラス代替樹脂開発

れている。これら共重合体の側鎖に導入したアリル基を利用して，光および熱硬化が行われている[49]。

　RMI はオレフィンと共重合するが，共重合反応性はオレフィンの構造に強く依存する。イソブテンやエキソメチレン型オレフィンのようにイソブチレン構造をもつオレフィンとは容易に共重合し，高収率で高分子量ポリマーが生成するのに対し，エチレンや 1-ブテンなどの α-オレフィンとの共重合反応性は高くない[36]。この反応性の大きな違いを利用して，側鎖に反応性のアリル基を含む高分子量で可溶性のマレイミド共重合体が合成される。N-メチルマレイミド，フタルイミド，イソブテンを用いたモデル反応（3 元ラジカル共重合）の詳細な解析結果から，AMI のマレイミド基のイソブテンラジカルに対する反応性は，アリル基の反応性に比べて約 10^3 倍高いことが明らかにされている[48]。マレイミド共重合体の側鎖アリル基とメルカプト基間のチオール—エン反応を利用すると，光あるいは熱硬化マレイミド共重合体が設計できる。AMI を含むマレイミド共重合体，多官能チオール，ラジカル開始剤の混合物は容易に光硬化あるいは熱硬化し，耐熱性や耐溶剤性の向上が認められる。

　有機無機ハイブリッド化は，ポリマーの耐熱化や高強度化に有効な材料設計手法であり，有機材料に固有の柔軟性，耐衝撃性および易加工性に加えて，無機材料に特徴的な耐熱性，難燃性および高弾性を兼ね備えた材料の開発に利用されている[50]。分子レベルで複合化した有機無機ナノハイブリッド材料は光学的にも優れた特徴を示し，有機無機両成分の分散状態や屈折率を制御して高透明な複合材料を設計することができる。例えば，チオール修飾したシリカナノ粒子を用いて，マレイミド共重合体／シリカナノ粒子ハイブリッドの作成を行うと，有機無機ハイブリッドが合成できる。シリカ成分を 26 wt% 含むハイブリッドフィルムは，マレイミド共重合体単体とほぼ同等の可視光透明性を示し，シリカナノ粒子表面にマレイミド共重合体を共有結合で固定したことによって分散性が向上したことを示す。マレイミド共重合体／シリカナノ粒子ハイブリッドは 250℃ でも全く変形せず，優れた耐熱性を示す[51]。ただし，シリカナノ粒子とのハイブリッドでは，ナノ粒子の含量が増すに従って微粒子間での凝集が避けられず，高透明で高シリカ含量のハイブリッド材料を設計することは難しい。

　そこで，シリカナノ粒子の代わりにランダム型のシルセスキオキサン（SQ）を用いた高 Si 含量の透明ハイブリッド材料が検討されている。シルセスキオキサン（SQ）は，$RSiO_{1.5}$ ユニットの繰り返しで構成される有機無機ナノ複合材料である[52]。数ナノメートルオーダーの分子性 SQ は有機溶媒に可溶であり，ポリマーと SQ を組み合わせたハイブリッド材料の開発が盛んに研究されている。SQ の骨格構造として，かご型（POSS），ラダー型，不完全かご型，ランダム型などがあり（図 16），複合化の目的に応じてこれら様々な骨格構造が使い分けされる。ランダム型 SQ は規則的な繰り返し構造をもたない液状化合物であり，ポリマーとの複合化による高透明耐熱材料の設計に適した材料である[53]。図 17 に示すように，マレイミド共重合体と SQ と組み合わせることで，高シリカ含量でありながら柔軟で高透明のフィルムが得られることが示された。この系に多官能の低分子アリル化合物であるトリアリルイソシアヌレート（TAIC）を添加して

39

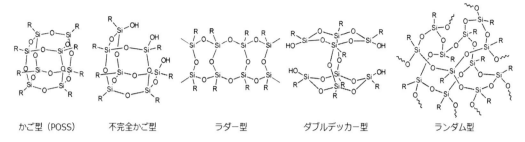

図16 典型的なシルセスキオキサン（SQ）化合物の構造

図17 マレイミド共重合体／シルセスキオキサンハイブリッドフィルムの透明性とフレキシビリティ

硬化反応を行うと，未反応のチオール残基が減少し，硬度が高い透明架橋体が得られる。空気中で140℃で15時間加熱した後も，形状や透明性に全く変化は生じず，熱安定性に優れていることを示す[53]。

マレイミド共重合体（PAED），マレイミド共重合体／SQ2元系ハイブリッド（PS14），マレイミド共重合体／SQ/TAIC3元系ハイブリッド（PTS134）およびマレイミド共重合体を用いずにSQ/TAICのみの硬化物（TAIC/SQ-11）の屈折率の比較を図18に示す[53]。SQやTAICとハイブリッド化すると，反応前のPAEDのn_D値（1.51）に比べて高いn_D値（1.52）を示した。SQに原子屈折率の高いイオウが含まれていることや，TAICの分子内分極が大きいことが影響している。

ハイブリッド材料の引っ張りせん断試験ならびに粘弾性測定を行った結果を表7にまとめる[53]。組成の異なる3種類のハイブリッド材料の破断伸びは2.7%～3.2%でほぼ一定であった。破断強度はPS14，PTS114およびPTS134に対してそれぞれ3.7 MPa，5.9 MPaおよび7.7 MPaであり，TAICの添加量に応じて2～3倍強度が向上した。弾性率についても同様の傾向が認められ，TAICの有無によって179 MPaから534 MPaにまで変化した。粘弾性測定のtan δのピーク位置から，PS14，PTS114およびPTS134のT_gはそれぞれ24℃，30℃および62℃と決定され，T_gより高温側で観察されるゴム平坦領域での貯蔵弾性率E'は，それぞれ0.12，0.22および0.45 MPaであった。これらの値より，PS14は比較的柔らかい材料であり，TAICの添加量が増

第 1 章　ガラス代替樹脂開発

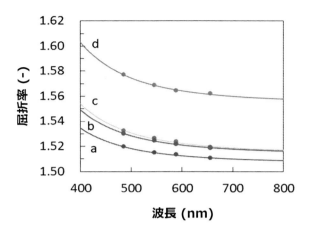

図 18　マレイミド共重合体／シルセスキオキサンハイブリッド
材料の屈折率の波長依存性
(a) PAED, (b) PS14, (c) PTS134, (d) TAIC/SQ-11

表 7　マレイミド共重合体／シルセスキオキサン有機無機ハイブリッド材料の引張試験，
粘弾性特性ならびに架橋構造データ

ハイブ リッド	引張弾性率 (MPa)	引張破断 強度 (MPa)	引張破断 伸び (%)	T_g (℃)	貯蔵弾性率 E' (GPa)	架橋密度 (mmol/cm^3)	密度 ρ (g/cm^3)	架橋点間分子量 M_c (g/mol)
PS14	179 ± 81	3.7 ± 1.1	2.9 ± 0.3	24	0.12 (120℃)	1.25	1.199	958
PTS114	331 ± 49	5.9 ± 1.1	2.7 ± 0.7	30	0.22 (120℃)	2.24	1.225	547
PTS134	534 ± 54	7.7 ± 0.5	3.2 ± 0.2	62	0.45 (160℃)	4.18	1.262	302

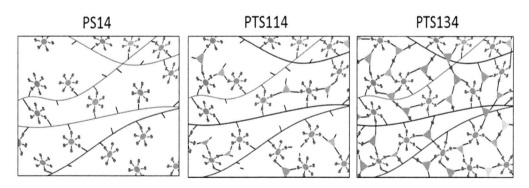

図 19　マレイミド共重合体／シルセスキオキサンハイブリッド材料のネットワーク構造モデル

大するに従って，弾性率が高くなることがよくわかる。ゴム状平坦領域の E' 値から架橋密度を見積もったところ，1.3～4.2 mmol/cm^3 の範囲にあった。浮沈法を用いて求めた硬化物の密度と組み合わせて算出した架橋点間分子量（M_c）を比較すると，TAIC 添加量が増えるほど架橋密度が増し，架橋点間分子量は小さな値となった。これらの結果を基に PS14，PTS114 および PTS134 に対してネットワーク構造のモデル（図 19）が提案されている[53)]。

3.6 おわりに

本稿では，優れた耐熱性に特徴をもつ透明アクリルポリマーの合成設計の具体的な例として，アダマンタン含有ポリマー，ポリフマル酸エステル，マレイミド共重合体をとりあげ，それらの耐熱性と光学特性について説明した。アダマンチル基を含むポリマーが耐熱性に優れることは以前からよく知られているが，アクリルポリマーにアダマンチル基を導入することで，熱分解開始温度が高く，ガラス転移温度を適度に調整可能なポリマーが容易に設計できる。特に，AdA は従来のアクリル酸モノマーの概念を覆すモノマーであり，リビングラジカル重合によるブロック共重合体やフマル酸エステルとのランダム共重合体の合成と物性評価の例にみられるように，高耐熱，高 T_g，高透明アクリルポリマーの設計に適したモノマーである。また，側鎖にアリル基を含むマレイミド共重合体 PAED をランダム型 SQ と複合化することで柔軟性に優れた耐熱透明ハイブリッド材料が得られる。硬化物の熱分解開始温度は 320℃以上，可視光領域での透過率は 90% 以上であり，優れた耐熱性と透明性を示すことを示した。このようにアクリル系ポリマーからも高透明で耐熱性に優れたポリマー材料を設計することは可能であるが，ガラス代替材料としてのアクリルポリマーの位置づけを考えると，無機ガラス材料と同等の材料をアクリルポリマーのみで代替することは現実的でない。元来，無機ガラスの優れた耐熱性に匹敵するような有機材料は存在しないし，有機物にとって化学的な熱分解反応は避けられない事象である。逆に，有機材料に特有の利点，特徴を活かすことが重要である。ポリマー材料がもつ特徴として，軽量化が容易であること，成形加工性に優れていること，光学物性のファインチューニングが可能であること，分子レベルでのナノ構造材料の設計が可能であることなどがあげられる。材料の軽量化は，CO_2 削減の最も有効な手段であり．航空機や自動車などの軽量化による燃料削減の直接効果だけでなく，世の中のあらゆる材料が軽量化することによる 2 次的な効果には計り知れないものがある。金属材料や無機材料の樹脂化，複合材料化に伴う周辺材料や接着や塗装なども含めた関連技術の革新による影響も材料設計に含めて考える必要がある。光学特性と耐熱性の両方を活かした高耐熱透明性アクリル樹脂に目的に応じたさらに精細なポリマー構造設計を組み込むことによって，様々な分野での応用がさらに広がるものと期待される。

文　　献

1) 光時代の透明性樹脂，井手文雄監修，シーエムシー出版（2004）
2) 透明樹脂の高性能化と応用，東レリサーチセンター（2008）
3) 高性能透明ポリマー材料，ポリマーフロンティア 21 講演録シリーズ，エヌ・ティー・エス（2012）
4) 透明樹脂・フィルムへの機能性付与と応用技術，技術情報協会（2014）

第 1 章　ガラス代替樹脂開発

5)　透明ポリマーの材料開発と高性能化，谷尾宣久監修，シーエムシー出版（2015）

6)　高分子，**64**，6 月号，特集「ガラスに挑む高分子材料」（2015）

7)　高耐熱樹脂の開発事例集，技術情報協会（2018）

8)　松本章一，透明ポリマーの材料開発と高性能化，谷尾宣久監修，シーエムシー出版，p. 37（2015）

9)　リビングラジカル重合―機能性高分子の合成と応用展開―，松本章一監修，シーエムシー出版（2018）

10)　精密重合が拓く高分子合成，日本化学会編，化学同人（2016）

11)　R. C. Bingham and P. v. R. Schleyer, *Top. Curr. Chem.*, **18**, 1 (1970)

12)　松本章一，機能性モノマーの選び方・使い方 事例集，技術情報協会，p. 247（2017）

13)　石曽根隆，有機合成化学協会誌，**67**，156（2009）

14)　A. Matsumoto, S. Tanaka, T. Otsu, *Macromolecules*, **24**, 4017 (1991)

15)　T. Otsu, A. Matsumoto, A. Horie, S. Tanaka, *Chem. Lett.*, **1991**, 1145.

16)　A. Matsumoto, T. Otsu, *Chem. Lett.*, **1991**, 1361.

17)　A. Matsumoto, A. Horie, T. Otsu, *Makromol. Chem., Rapid Commun.*, **12**, 681 (1991)

18)　A. Matsumoto, S. Tanaka, T. Otsu, *Colloid Polym. Sci.*, **270**, 17 (1992)

19)　A. Matsumoto, H. Watanabe, T. Otsu, *Bull. Chem. Soc. Jpn.*, **65**, 846 (1992)

20)　K. Koike, T. Araki, Y. Koike, *Polym. Int.*, **64**, 188 (2015)

21)　A. Matsumoto, K. Shimizu, K. Mizuta, T. Otsu, *J. Polym. Sci., Part A: Polym. Chem.*, **32**, 1957 (1994)

22)　A. Ozaki, K. Sumita, K. Goto, A. Matsumoto, *Macromolecules*, **46**, 2941 (2013)

23)　A. Matsumoto, K. Mizuta, T. Otsu, *J. Polym. Sci., Part A: Polym. Chem.*, **31**, 2531 (1993)

24)　A. Matsumoto, K. Mizuta, T. Otsu, *Macromolecules*, **26**, 1659 (1993)

25)　A. Matsumoto, K. Mizuta, *Polym. Bull.*, **33**, 141 (1994)

26)　Y. Nakano, E. Sato, A. Matsumoto, *J. Polym. Sci., Part A: Polym. Chem.*, **52**, 2899 (2014)

27)　W. Lu, C. Huang, K. Hong, N. –G. Kang, and J. W. Mays, *Macromolecules*, **49**, 9406 (2016)

28)　松本章一，新訂版ラジカル重合ハンドブック，蒲池幹治，遠藤剛，岡本佳男，福田猛監修，エヌ・ティー・エス，p. 456（2010）

29)　A. Matsumoto, T. Otsu, *Macromol. Symp.*, **98**, 139 (1995)

30)　T. Otsu, A. Matsumoto, K. Shiraishi, N. Amaya, Y. Koinuma, *J. Polym. Sci., Part A: Polym. Chem.*, **30**, 1559 (1992)

31)　A. Matsumoto and T. Sumihara, *J. Polym. Sci., Part A: Polym. Chem.*, **55**, 288 (2017)

32)　A. Matsumoto, N. Maeo, E. Sato, *J. Polym. Sci., Part A: Polym. Chem.*, **54**, 2136 (2016)

33)　K. Takada and A. Matsumoto, *J. Polym. Sci., Part A: Polym. Chem.*, **55**, 3266 (2017)

34)　K. Takada and A. Matsumoto, *J. Polym. Sci., Part A: Polym. Chem.*, in press.

35)　N. Tsuji, Y. Suzuki, and A. Matsumoto, in preparation.

36)　松本章一，久野美輝，山本大介，山本大貴，岡村晴之，高分子論文集（総合論文），**72**，243（2015）

37)　A. Matsumoto, T. Kubota, T. Otsu, *Macromolecules*, **23**, 4508 (1990)

38)　A. Matsumoto, T. Kubota, T. Otsu, *Polym. Bull.*, **24**, 459 (1990)

39) T. Otsu, A. Matsumoto, T. Kubota, *Polym. International*, **25**, 179（1991）

40) T. Doi, A. Akimoto, A. Matsumoto, T. Otsu, *J. Polym. Sci., Part A: Polym. Chem.*, **34**, 367（1996）

41) T. Doi, Y. Sugiura, S. Yukioka, A. Akimoto, *J. Appl. Polym. Sci.*, **61**, 853（1996）

42) 土井亨，井上洋，鯉江泰行，秋元明，化学経済，10 月号（1996）

43) M. Hisano, K. Takeda, T. Takashima, Z. Jin, A. Shiibashi, A. Matsumoto, *Macromolecules*, **46**, 3314（2013）

44) A. Omayu, T. Ueno, A. Matsumoto, *Macromol. Chem. Phys.*, **209**, 1503（2008）

45) M. Hisano, K. Takeda, T. Takashima, Z. Jin, A. Shiibashi, A. Matsumoto, *Macromolecules*, **46**, 7733（2013）

46) R. Imaizumi, M. Furuta, H. Okamura, and A. Matsumoto, *Radiat. Phys. Chem.*, **138**, 22（2017）

47) S. Beppu, S. Iwasaki, H. Shafiee, A. Tagaya, and Y. Koike, *J. Appl. Polym. Sci.*, **131**, 40423（2014）

48) K. Takeda, A. Matsumoto, *Macromol. Chem. Phys.*, **211**, 782（2010）

49) H. Yamamoto, H. Okamura, A. Matsumoto, *J. Photopolym. Sci. Technol.*, **27**, 151（2014）

50) 有機―無機ナノハイブリッド材料の新展開，中條善樹監修，シーエムシー出版（2009）

51) 山本大貴，岡村晴之，松川公洋，松本章一，ネットワークポリマー，**36**，2（2015）

52) シルセスキオキサン材料の最新技術と応用，伊藤真樹監修，シーエムシー出版（2013）

53) R. Oban, K. Matsukawa, and A. Matsumoto, *J. Polym. Sci., Part A: Polym. Chem.*, **56**, 2294（2018）

4 高強度・高耐熱・高透明性バイオプラスチックの開発

高田健司[*1]，金子達雄[*2]

4.1 はじめに

　高強度，高耐熱，高透明性を有するプラスチックには数多くの例があるが，それらの原料を植物や，微生物生産物などのバイオ分子としたものは数が非常に限られてくる。例が少なくなってしまう最大の原因は上記物性を発現するために必須ともいえる芳香環である。芳香環を有したバイオ分子の例はいくつもあるがそれらを高分子化しバイオプラスチックとすることは，分子構造上の問題や生産物の希少性などから困難であると考えられている。一方で既存のバイオプラスチックにはポリ乳酸やセルロースなどのような，生体が生産したものがあるが，これらは，高強度，高耐熱，高透明性バイオプラスチックの例に挙げられることは少ない。先に挙げた性質を示すためには高分子構造に剛直性があることが重要であり，芳香環を主鎖に有したものが最適だからである。また，セルロースなどの天然多糖類は分子鎖にある程度の剛直性があるが，主鎖のグリコシド結合が熱に弱く，250℃以上で徐々に劣化・分解が起き，300℃を超えるとそれらが急速に進行してしまう。近年注目されている，持続可能な社会の構築や，大気中の二酸化炭素を削減するためには，長期間使用できる（熱に対して安定，力学物性が高い，劣化がしづらく短期間で廃棄されないような）バイオプラスチックの開発が重要である。これは，バイオマスなどの植物を生物学的に処理して高分子化可能なバイオ分子を生産し，これらを安定性の高いバイオプラスチックとすることができれば，二酸化炭素を高分子材料中に長期間固定化し，大気中の二酸化炭素濃度を結果的に削減することができるためである。

4.2 芳香族バイオポリエステル

　天然に広く存在する芳香族分子として，木質中に多量に含まれるリグニンが挙げられる。リグニンは構造が極めて複雑であり，これらを高強度・高耐熱性バイオプラスチックとするのは困難であるが，リグニンを構成する成分（4-ヒドロキシ桂皮アルコール，4-ヒドロキシ-3-メトキシ桂皮アルコール，4-ヒドロキシ-3,5-ジメトキシ-桂皮アルコール）の誘導体を利用すれば高強度を有する樹脂とすることができる（図1）。

　例えば，4-ヒドロキシ桂皮酸と3,4-ジヒドロキシ桂皮酸（カフェ酸）の水酸基を無水酢酸によりアセチル化して，減圧条件下においてアシドリシス重合（重縮合）を行うことで，天然由来の芳香族バイオポリエステルが得られる（図2）[1~3]。得られた芳香族バイオポリエステルは，ポリ乳酸に匹敵する強度を有しながらガラス転移温度（T_g）および10%重量減少温度（T_{d10}）がそれ

　＊1　Kenji Takada　北陸先端科学技術大学院大学　先端科学技術研究科

　　　　　　　　環境・エネルギー領域　特任助教

　＊2　Tatsuo Kaneko　北陸先端科学技術大学院大学　先端科学技術研究科

　　　　　　　　環境・エネルギー領域　教授

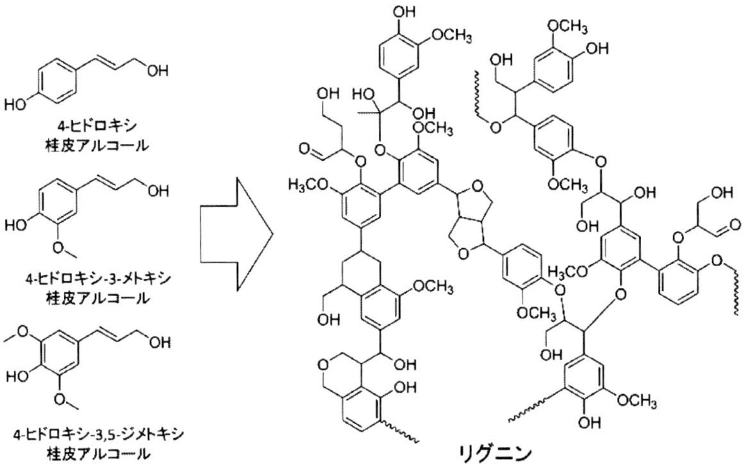

自動車への展開を見据えたガラス代替樹脂開発

4-ヒドロキシ
桂皮アルコール

4-ヒドロキシ-3-メトキシ
桂皮アルコール

4-ヒドロキシ-3,5-ジメトキシ
桂皮アルコール

リグニン

図1　リグニンおよびその構成成分

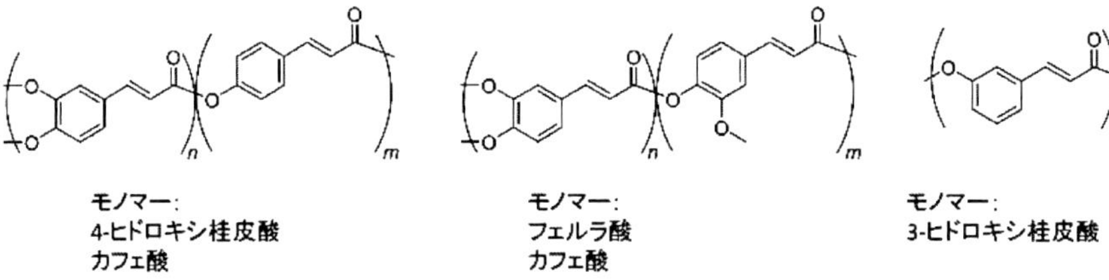

モノマー：
4-ヒドロキシ桂皮酸
カフェ酸

モノマー：
フェルラ酸
カフェ酸

モノマー：
3-ヒドロキシ桂皮酸

図2　ヒドロキシ桂皮酸類を利用した芳香族バイオポリエステル

ぞれ最大で 169℃および 320℃であり，一般的なポリ乳酸の数値を大きく上回った。

　同様にして，フェルラ酸とカフェ酸を用いることでも芳香族バイオポリエステルが得られ，これは液晶性を示すことが確認された[4]。また，3-ヒドロキシ桂皮酸を重縮合することで有機溶媒に可溶なバイオポリエステルも合成可能であった[5]。これら桂皮酸を直接重合した芳香族バイオポリエステルは高分子主鎖中に，特定波長の光によって反応する桂皮酸構造を有していたため，紫外線を照射させることで変形する性質を示し，形状記憶バイオプラスチックとしての応用展開が期待できる。

4.3　芳香族バイオポリイミド

　既存の芳香族ポリイミドとして，東レ・デュポン㈱のカプトン®，三菱ガス化学㈱のネオプリム®，㈱カネカのアピカル®，宇部興産㈱のユーピレックス® などがある。スーパーエンプラに代表されるこれらポリイミドに共通する特徴は，芳香族を高度に含み，剛直かつ分子間相互作用の強いヘテロ環であるベンズイミド構造を含んでいることである。これによりポリイミドは合成高分子の中でも極めて高い耐熱性能を示す。分子鎖の剛直性および分子間相互作用が高ければ高いほど耐熱性は向上するが，それと同時に，熱による加工性や溶媒に対する溶解性，強度が悪くな

46

第1章　ガラス代替樹脂開発

るため，高分子構造中に屈曲した構造を導入することで加工性の改善が行われる[6]。このように広い分野で使用・製品化されているポリイミドをバイオ分子から合成することができれば，天然から非常に安定性が高く，かつ汎用性のあるプラスチックが得られる。

4.3.1　ポリイミド原料モノマーのバイオ生産

　芳香族ポリイミドは原料に芳香族ジアミンと芳香族テトラカルボン酸二無水物を用いる。芳香族バイオポリイミドを合成するためにはこれら原料である芳香族ジアミンのバイオ生産経路を確立する必要がある。一般的に，芳香族ジアミンは生体に対する毒性が高いということから，微生物生産により芳香族ジアミンを生産することは困難である。しかし，芳香族モノアミンは，フェニルアラニンなどの芳香族アミノ酸として低毒性で微生物生産することが可能である。芳香族モノアミンに着目した理由として，例えば4-アミノ桂皮酸（4ACA）のような化合物を微生物変換により得ることができれば，桂皮酸の特徴である光二量化反応を適用することができる。芳香環の置換基により波長に多少の変動はあるが，桂皮酸類の二重結合は350 nm付近の波長の光によって励起され，近傍の分子と［2＋2］光環化付加反応を起こすことが知られており，4-アミノ桂皮酸を微生物生産することができれば，続く光二量化反応により芳香族ジアミンを合成するこ

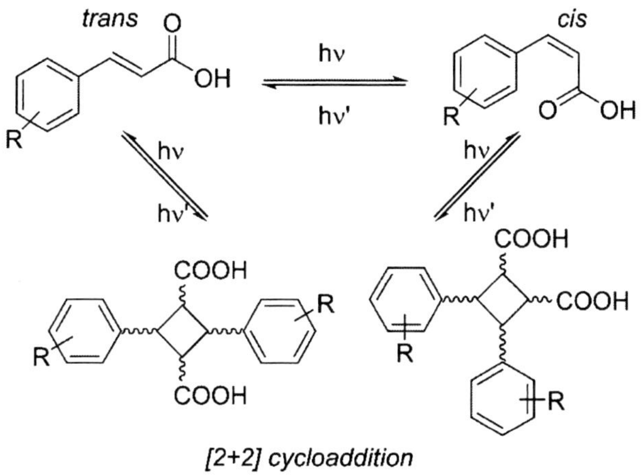

図3　桂皮酸誘導体の光による反応例

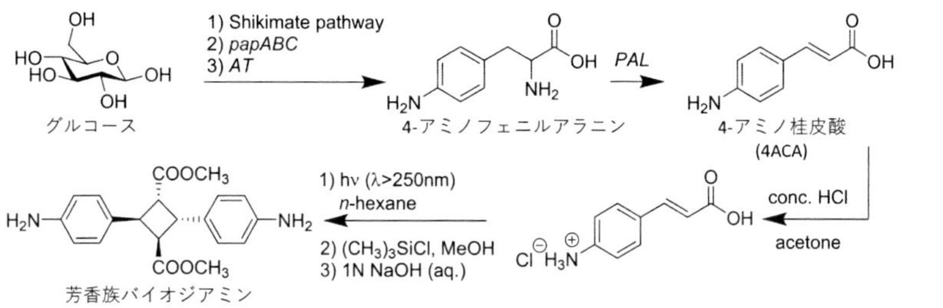

図4　グルコースからの微生物生産と化学変換により合成された芳香族バイオジアミン

47

とが可能である（図3）[7]。

　放線菌の一種である *Streptomyces pristinaespiralis* が生産する抗生物質（Pristinamycin I）の構造中に芳香族アミン誘導体である4-アミノフェニルアラニン（4APhe）構造が含まれている。この情報をもとに4APheの特異的な酵素処理を行うことでバイオ由来4ACAを生産する代謝経路が開発された。得られたバイオ由来4ACAに，塩酸を作用させることで4-アミノ桂皮酸塩酸塩とし，これに高圧水銀ランプにより紫外線を照射することで二量体を形成，塩化トリメチルシリルとメタノールによるメチルエステル化，中和操作を経ることで，芳香族バイオジアミンが合成された（図4）。これらの化学変換は4ACAの反応開始から目的物の合成まで，目的物を溶解させない（不均一系）反応である。さらに反応率は99％以上を示し，目的物の回収もろ過のみで非常に容易なため，生産プロセスにおいても簡便で大量合成向きのものであることが示された。

4.3.2　高耐熱性芳香族バイオポリイミド

　微生物生産と化学変換を駆使して誘導された芳香族バイオジアミンは対称性が高く，芳香環を有していることから，ポリイミドのモノマーとして有効である。例えば，生体分子であるフマル酸から誘導可能である1,2,3,4-シクロブタンテトラカルボン酸二無水物（CBDA）と芳香族ジアミンを *N,N*-ジメチルアセトアミド中で反応させることでポリイミド前駆体（ポリアミド酸）を合成し，続く減圧条件下での段階的な加熱により脱水縮合反応させることで芳香族バイオポリイミドが得られた（図5）[8]。同様にして，様々なテトラカルボン酸二無水物を用いることで，それぞれ対応した構造の芳香族バイオポリイミドを合成することが可能であった。

　すべての芳香族バイオポリイミドの T_{d10} は390℃以上であり，バイオプラスチックの中でも最大級の値を示した（表1）。一般的なポリイミドには力学物性にもある程度の数値が要求されるが，テトラカルボン酸二無水物を1種類だけ用いたバイオポリイミドでは伸び率が最大でも4％程度であり，柔軟なフィルムとして成形することは困難であった。そこでフィルムの成形性

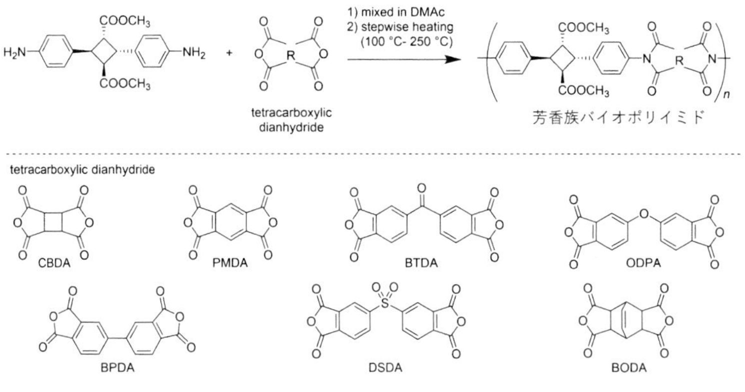

図5　芳香族バイオジアミンと種々のテトラカルボン酸二無水物を原料とした
　　　芳香族バイオポリイミド

第1章　ガラス代替樹脂開発

表1　芳香族バイオポリイミドおよび共重合体の熱力学物性

ポリイミド	モノマー（テトラカルボン酸二無水物）	T_{d10} / ℃	引張強度 / MPa	ヤング率 / GPa	伸び率 / %
PI-1	CBDA	390	75 ± 6.62	10.01 ± 3.68	1.82 ± 0.28
PI-2	PMDA	425	89 ± 9.24	8.02 ± 1.19	2.48 ± 0.12
PI-3	BTDA	420	48 ± 0.75	4.24 ± 0.18	1.72 ± 0.33
PI-4	ODPA	410	98 ± 5.71	13.39 ± 3.03	4.49 ± 0.43
PI-5	BPDA	410	71 ± 2.14	4.36 ± 0.55	2.42 ± 0.43
PI-6	DSDA	425	90 ± 5.30	4.77 ± 0.75	3.31 ± 0.32
PI-7	BODA	398	ND	ND	ND
PI-8	CBDA/PMDA	415	79 ± 21.8	4.2 ± 0.46	2.8 ± 0.65
PI-9	CBDA/BTDA	406	98 ± 24.7	4.3 ± 0.34	3.2 ± 1.36
PI-10	CBDA/ODPA	408	63 ± 1.8	3.5 ± 0.23	2.1 ± 0.14
PI-11	CBDA/BPDA	413	61 ± 37.4	3.7 ± 0.06	2.1 ± 1.33
PI-12	CBDA/DSDA	399	67 ± 9.3	3.1 ± 0.15	2.5 ± 0.38
PI-13	BTDA/ODPA	424	113 ± 5.0	4.1 ± 0.08	9.4 ± 2.88
Kapton	—	ND	63	2.8	12.8

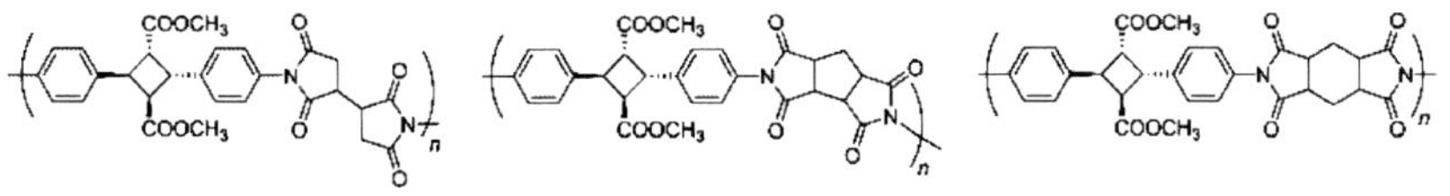

図6　有機溶媒に対して溶解性を示した芳香族バイオポリイミド

を向上させるため，テトラカルボン酸二無水物を2種類使用してランダムコポリマーとすることで，伸び率は最大で9％まで改善された（表1; PI-13）[9]。これにより柔軟なフィルムとして成形することが可能であった。さらに，バイオポリイミドの透明度は光の波長450 nmにおいて90％程度を示し，フィルム状態での黄色度もカプトンなどに比べ低い数値（黄色さが少ないフィルム）であった。

　上記のバイオポリイミドはいずれも有機溶媒に不溶であり，成形性に劣るという欠点があった。分子に屈曲性を持たせることで加工性を向上させるという手法をもとに，芳香族バイオジアミンの対モノマーとして *meso*-ブタン-1,2,3,4-テトラカルボン酸二無水物，1,2,4,5-シクロヘキサンテトラカルボン酸二無水物，1,2,3,4-シクロペンタンテトラカルボン酸二無水物を用いることで，*N*-メチル-2-ピロリドン，ジメチルスルホキシド，*N*,*N*-ジメチルホルムアミド，*N*,*N*-ジメチルアセトアミドなどの非プロトン性極性溶媒および濃塩酸に溶解性を示すバイオポリイミドが合成された（図6）[10]。

　また，4ACAを化学修飾することで4,4'-ジアミノスチルベンおよび4,4'-(エタン-1,2-ジイル)ジアニリンを合成し，所定のテトラカルボン酸二無水物を用いたバイオポリイミドも合成可能であった（図7）。これら，ジアミノスチルベン誘導体を用いて合成されたバイオポリイミドもま

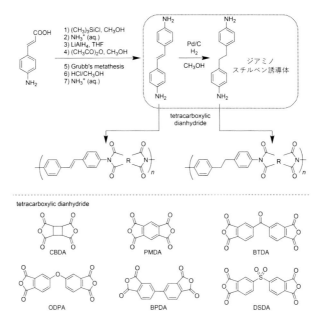

図7 4ACA 由来ジアミノスチルベンを用いた芳香族バイオポリイミド

た，非常に高い耐熱性（T_{d10}：400℃以上，最大600℃）を示し，伸び率は最大で8％程度であり，この場合もまたカプトンに準ずる性能であった[11]。

4.4 芳香族バイオポリアミド

図4で示した芳香族バイオジアミンの合成法とは別の経路で，バイオ由来4ACAを用いて芳香族ジカルボン酸の合成も可能である（図8）。4ACAのアミン基をアセチル化し，ヘキサンに分散させた状態で高圧水銀ランプにより紫外線を照射することで，芳香族バイオジカルボン酸が定量的に得られた[12]。

この芳香族バイオジカルボン酸と，先述の芳香族バイオジアミンを用いて，亜リン酸トリフェニル／ピリジン系の重縮合を行うことで芳香族バイオポリアミドとすることができ，これは4ACA由来の構造のみからなるフルバイオベース芳香族ポリアミドであった（図9（a））。さらに，所定の脂肪族ジカルボン酸，例えば2,5-フランジカルボン酸やアジピン酸などを用いた場合においても，同様にバイオポリアミドが得られた。

既存の芳香族ポリアミドとして東レ・デュポン㈱のケブラー®やノーメックス®などの高強度繊維が知られており，この芳香族バイオポリアミドもまた高強度を示すことが期待できる。これらバイオポリアミドを N,N-ジメチルホルムアミドなどの溶媒に溶解させることで，それぞれ，フィルムおよびファイバーにすることが可能であった。これらの芳香族バイオポリアミド樹脂の T_g はいずれも150℃以上，T_{d10} はほとんどが350℃以上を示し，高い耐熱性能を有していた（表2）。さらに，得られた芳香族バイオポリアミドのフィルムは非常に高い透明性を示し，光の波

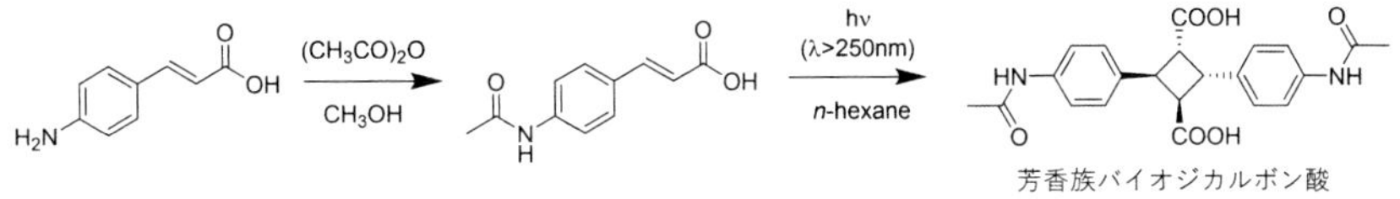

第 1 章　ガラス代替樹脂開発

図 8　4ACA を利用した芳香族バイオジカルボン酸の合成

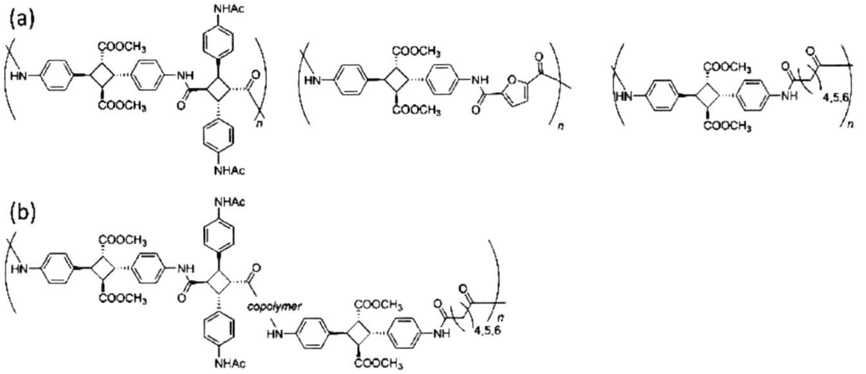

図 9　芳香族バイオポリアミド (a) およびその共重合体 (b)

表 2　芳香族バイオポリアミドと既存の透明樹脂の物性値

ポリアミド	モノマー（ジカルボン酸）	T_{d10} / ℃	引張強度 / MPa	ヤング率 / GPa	伸び率 / %	透過率(450 nm) / %
PA-1	バイオジカルボン酸	370	356 ± 33	11.4 ± 1.6	7.2 ± 3.7	93
PA-2	フランジカルボン酸	355	163 ± 71	8.0 ± 0.3	13.6 ± 6.8	81
PA-3	アジピン酸	365	ND	ND	ND	ND
PA-4	バイオジカルボン酸 / アジピン酸	359	407 ± 188	12.1 ± 4.1	36.9 ± 19.1	83
PMMA	—	—	60	2.3	3.1	90
PC	—	—	62	1.9	200	89
nanocellulose	—	—	223	13	ND	90

長 450 nm の時，透過率は約 90 % を示した。また，重縮合をする際の芳香族バイオジアミン・バイオジカルボン酸に，脂肪族ジカルボン酸を 1 : 0.5 : 0.5 のモル比で共重合させることで力学物性や耐熱性，透明性などの物性が調整され，引張強度にして 400 MPa を超える芳香族バイオポリアミド共重合体が得られた（図 9 (b)，表 2: PA-4）。これら芳香族バイオポリアミドの引張強度は，透明プラスチックであるポリメタクリル酸メチル（PMMA）やポリカーボネート（PC），ナノセルロースの値を大きく超えており，透明プラスチックの中でも非常に高いものであることがわかる[13]。芳香族バイオポリアミドおよびその共重合体が，高強度を示した理由としては，4ACA 二量体由来の芳香環に挟まれたシクロブタン部位の高い対称性が，樹脂の耐熱性だけで

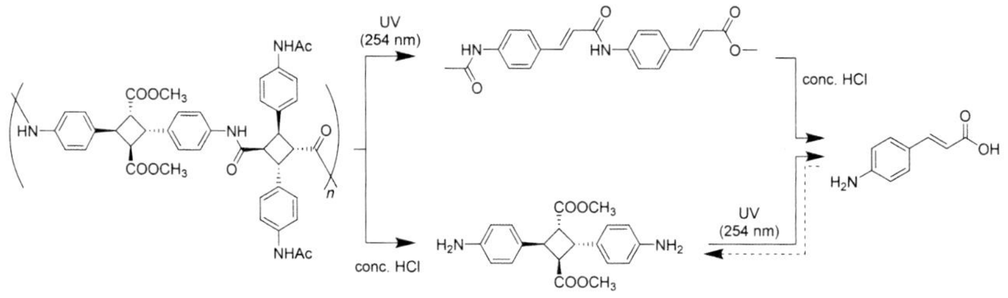

自動車への展開を見据えたガラス代替樹脂開発

図10　芳香族バイオポリアミドの化学反応と光反応によるケミカルリサイクル

なく，柔軟性を示す高い強度へと影響したことが考えられる。さらに，高い透明性についても，側鎖のエステル部位が起因していることが考えられ，このエステル部位を変化させることで更なる透明性の改善も期待できる。

　これらの芳香族バイオポリアミドは構造中に4ACAの光二量体に由来するシクロブタン環を有していることから，可逆的な光開裂反応および酸処理による，モノマーへの分解も可能である。例えば，バイオポリアミド溶液に対して254 nmの紫外線を照射した後，濃塩酸で化学処理を行うことで，原料である4ACAにまで変換することができ，ケミカルリサイクルが可能な材料であることについても証明されている（図10）。

4.5　おわりに─今後の展望─

　4ACAの微生物生産および化学変換により，新規な芳香族バイオプラスチックが合成可能であることを紹介した。芳香族バイオジアミンと所定のテトラカルボン酸二無水物をモノマーとすることで，各種バイオポリイミドが得られた。またバイオポリイミドは，高分子の中でも非常に高い耐熱性を示し，最大で425℃のT_{d10}を示した。力学物性についても，ホモポリマーの状態ではフィルムに柔軟性は見られなかったが，2種類のテトラカルボン酸二無水物を用いることでその物性は改善されることが明らかとなった。芳香族バイオポリアミドは，4ACA由来の芳香族バイオジアミンとジカルボン酸を用いることで合成された。バイオポリアミドの物性に着目すると，耐熱性はバイオポリイミドに劣ったが，力学物性や透明性が非常に高く，黄色度も低い値（目視ではほぼ無色透明）を示し，ガラス代替材料としての可能性を高める物性であることがうかがえた。これら芳香族バイオプラスチック類の，天然物から糖類，糖類から4ACAへの微生物変換，およびポリマーまでの化学変換は比較的低コストでできるものであるが，依然，改善の余地があり高効率での微生物変換および化学変換の手法の開発が重要な課題である。これら課題が解決されればバイオマスから一貫して生産された高性能環境適応型プラスチックとして，実用により近づけるものと期待している。

謝辞

　本研究は，科学技術振興機構（JST）の先端的低炭素化技術開発（ALCA）プロジェクト（課題番号：

第 1 章　ガラス代替樹脂開発

JPMJAL1010）および日本学術振興会（JSPS）科研費基盤研究（B）（課題番号：15H03864）の研究成果に基づ
くものです。また，糖類から 4ACA を微生物生産する経路を開発した，ALCA プロジェクトにおける研究
支援者である高谷直樹教授（筑波大学生命環境系）およびその研究グループのスタッフに心より感謝します。

文　　　献

1)　Kaneko, T. *et al., Nature Mater.*, **5**, 966-970（2006）
2)　Kaneko, T. *et al., Adv. Funct. Mater.*, **22**, 3438-3444（2012）
3)　Kaneko, T. *et al., Angew. Chem. Int. Ed.*, **52**, 11143-11148（2013）
4)　Kaneko, T. *et al., Pure Appl. Chem.*, **84**（12），2559-2568（2012）
5)　Kaneko, T. *et al., J. Polym. Sci. Part A: Polym. Chem.*, **49**, 1112-1118（2011）
6)　Ding, M. *et al., Macromolecules*, **35**, 8708-8717（2002）
7)　Mallete R. J. *et al., J. Chromatogr. A*, **1364**, 234-240（2014）
8)　Kaneko, T. *et al., Macromolecules*, **47**, 1586-1593（2014）
9)　Kaneko, T. *et al., Ind. Eng. Chem. Res.*, **55**, 5761-5766（2016）
10)　Kaneko, T. *et al., Polymers*, **10**, 368（2018）
11)　Kaneko, T. *et al., Polymer*, **83**, 182-189（2016）
12)　Kaneko, T. *et al., Macromolecules*, **49**, 3336-3342（2016）
13)　Marks, M. J. *et al., Macromolecules*, **27**, 4106-4113（1994）

5 架橋構造の制御による折り曲げられる新規透明強靭ポリマーの開発

千葉一生[*1]，松村吉将[*2]，落合文吾[*3]

5.1 緒言

透明ポリマー材料は，成形の容易さ，軽量性，しなやかさなどのために，かつては無機ガラスが用いられた分野での利用が進んでいる。ガラス代替のみならず，携帯電話やパソコンなどの電子機器の光学部品，コーティング材料，包装などにも幅広く用いられている。代表例は，アクリル系ポリマーやポリスチレンなどの非晶性樹脂であるが，ポリエチレンテレフタレートなどの結晶性ポリマーの結晶性を抑えて成形したものもある。また，ナノセルロースや有機―無機ハイブリッドなどの新たな材料の進展もめざましい。これらの透明ポリマーは，特に車載用途では表面に利用されることが多く，光学特性に加えて，傷をつけないための硬さや，衝撃や変形などに耐えるための強靭さへの要求も大きい。樹脂を硬くする方法としては，化学的または物理的な架橋構造，ないしは剛直な構造を導入するのが一般的である。しかしながら，架橋構造は脆さに，剛直な構造は結晶化による透明性の著しい低下に結びつきやすく，透明，硬質，強靭の全てを満たす材料への期待は大きいものの，その設計は困難である。

一般に架橋構造によって材料が脆くなるのは，架橋の不均一性が架橋点間距離の不均一性を生み，応力が短鎖に集中して破壊されるためである。これを克服するために，ここ十数年の間に様々な新規架橋構造が提案されている[1]。例えば龔らによる犠牲的結合の開裂と修復を鍵とするダブルネットワーク（DN）ゲル[2]，酒井らによる理想網目への応力の均一分散を鍵とするテトラPEG ネットワークゲル[3]，伊藤らによる応力に応じて架橋点が移動して応力を均等化するポリロタキサンを基本骨格とした環動架橋マテリアル[4]などがあげられる。これらはいずれも破壊に至らないように応力を散逸ないしは分散させるために綿密な設計がなされており，ポリマー材料が本来持つ強度を引き出して強靭化することに成功している。これらの制御されたネットワーク構造を有する材料は，主にポリマー鎖が運動しやすいゲル，もしくはガラス転移温度以上の温度範囲で用いられるエラストマーにおいて検討されており，一部は実用化も始まっている。一方，分子運動が制限されている硬質な材料では効果は限定的で，十分な設計を要する。

上述の強靭材料のいずれもが，応力の集中を避けて破壊に向けたエネルギーを散逸させることで強靭さを実現している。これを硬い材料に適用し，「硬くてしなる」材料を創り上げるには，硬さが一定の負荷以上では解消される必要があり，ある条件下では回復する可逆性があればさらに望ましい。この変形後に回復する特性には架橋構造が必要であるが，強靭さを損なわない自由架橋点が有効である。以上から，双極子―双極子相互作用に基づく可逆的な物理架橋で硬さを引き出す成分であるポリアクリロニトリルと，自由架橋構造として環動構造ないしはゆるやかな相

＊1　Kazuki Chiba　山形大学　大学院理工学研究科　博士前期課程（修了）

＊2　Yoshimasa Matsumura　山形大学　大学院理工学研究科　物質化学工学専攻　助教

＊3　Bungo Ochiai　山形大学　大学院理工学研究科　物質化学工学専攻　教授

互侵入網目構造を持つ材料の設計を検討している。自由架橋構造を形成する手法として，我々が開発した二官能性アクリレートモノマーである，trans-1,2-ビス（2-アクリロイルオキシエチルカルバモイルオキシ）シクロヘキサン（BACH）のラジカル重合による大員環形成を伴う環化重合を利用することとした[5,6]。この単独重合で形成される環構造は19員環であるが，ポリエチレングリコールを軸分子として取り込むのには十分に大きいサイズであり，共重合ではさらに環が拡大している可能性もある。すなわち，適切なストッパーとなる構造を連続的に持つ軸分子ポリマー存在下にてBACHの環化重合を行えば，軸分子を包摂する形でBACH由来の環が形成され，自由架橋構造を与えると考えられる。以上の設計をもとに，アクリロニトリルおよび汎用アクリレートモノマーと，BACHのラジカル共重合を軸分子（ポリエチレングリコール系ポリウレタン）存在下で行うことで，硬さと自由架橋構造由来のしなやかさを併せ持つ材料の合成を検討した。なお，軸分子とアクリレートの詳細については本稿では割愛させていただく。

5.2　大環状構造を形成する重合

まず，上記の大環状構造を形成する環化重合を行うモノマーであるBACHおよびこれに先だって検討したメタクリレート型モノマーであるBMCHのラジカル重合挙動を簡単に紹介する（図1）。

BACH，およびBMCHは環構造による立体配座規制に加え，水素結合による固定も活用することで，選択的な大員環形成を行うべく設計されている。合成法は簡単であり，trans-1,2-ヘキサンジオールと2-アクリロイロキシエチルイソシアネートないしは2-メタクリロイロキシエチルイソシアネートの反応により一段階で得られる。これらのモノマーは，1,4-ジオキサン中で効率よく環化重合することができ，対応する19員環構造を連続ユニットに持つポリマーが得られる。また，RAFT重合により分子量分布の狭いポリマーを得ることもでき，特にBMCHの重合では，分子量の制御も可能である[5]。

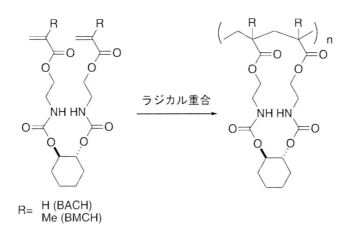

図1　19員環を形成する環化重合

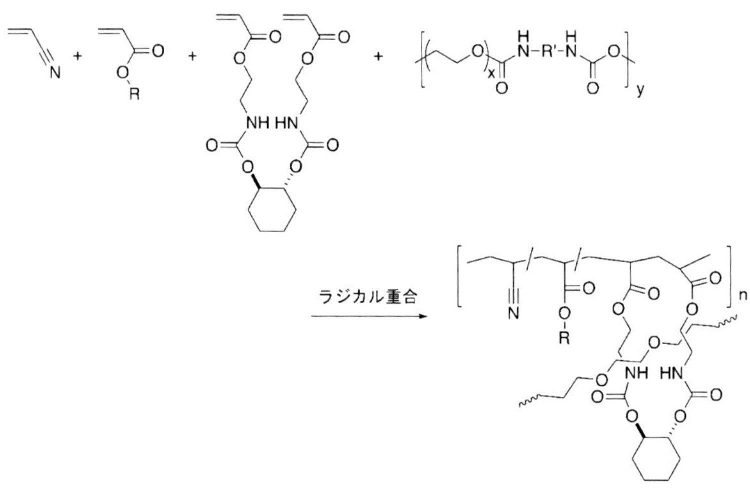

自動車への展開を見据えたガラス代替樹脂開発

図2　環化重合を用いる強靭ポリマーネットワークの合成

5.3　強靭ポリマーネットワークの合成とフィルムの作製

　アクリロニトリルとアクリレートの混合モノマー液にそれぞれ数％のBACH, 軸分子, 重合開始剤を溶かし, 光または熱開始剤を用いたフリーラジカル重合を行うと, 透明な硬化体が得られた (図2)。ここで, モノマー液を適切な型に流し込んで重合することで, フィルム, 線状, バネ状, 円柱など多様な形状に成形することもできる。本重合はバルク重合であり, 選択的な環化が進行するBACHの溶液中での重合よりも大幅に高濃度であるために, BACHのみでの環化のみならず, コモノマーユニットの挿入や分子間の架橋も併発していると考えられる。このことから, 本材料は化学架橋構造とある程度の環サイズの幅を持つ自由架橋構造（ないしは相互侵入網目構造）を併せ持っていると考えている。自由架橋構造が形成されるには軸分子が環ないしは網目に取り込まれる必要があるが, 現時点で環動構造が形成されている直接的な証拠は得ていないものの, 適切なサイズのストッパー構造と十分なポリエチレングリコール鎖長を持つ場合に軸分子がポリマーマトリックス内に取り込まれることを明らかとしている。

5.4　透明強靭性フィルムの力学特性

　図3に, ある組成の混合物の光重合により作製したフィルムの温度分散の動的粘弾性を示した。比較のためにBACH非存在下および軸分子非存在下でそれぞれ作製したフィルムのデータも比較としてあげた。まず, 損失正接（tanδ）のピークから求めたガラス転移温度は, いずれのフィルムも50℃強で大きな差はなかったが, BACH非存在下, 軸分子非存在下, 双方存在下で得られたフィルムの順にわずかに高くなった。一方, ガラス転移後の高温域での貯蔵弾性率（E'）の低下挙動は大きく異なった。まずBACH非存在下で作製したフィルムは, 高温域でE'が大幅に低下した。これは, フィルム中に架橋構造が存在しないために, 高温でフィルムが流動

第1章　ガラス代替樹脂開発

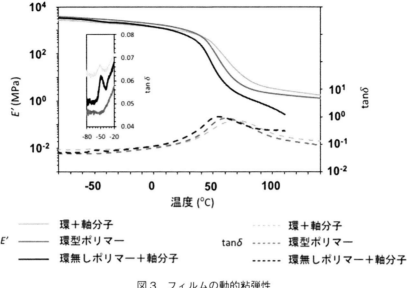

図3　フィルムの動的粘弾性
（1 Hz，昇温速度2℃/分）

したためである。一方で，BACHのみ添加したフィルムでは，ガラス転移温度を超えてからも E' の低下は小さく，ゴム状平坦領域が見られた。これはBACHの化学架橋による効果と考えられる。さらに，BACHと軸分子の両方を添加した場合は，高温域での E' の低下がさらに抑制された。低温域にはポリエチレングリコール鎖由来の緩和ピークが観察されていることからも明らかなように，軸分子は可塑剤として働き得る柔軟なポリマーである。可塑剤は，何も相互作用がなければ，主剤の E' を変えないか低下させるしか働きえない。しかし本材料では E' が上昇していることから，ポリマーネットワーク中にて軸分子は単に可塑剤として働いているのではなく，自由架橋を構成する一部として E' を向上させたものと推察できる。

　図4に同じフィルムの応力ひずみ曲線を示した。試験は室温で行っており，いずれのポリマーのガラス転移温度よりも十分低い。試験した500ミクロンの厚さのフィルムは，人の手で容易に破断することができない程度の強度を持っている。いずれのフィルムも金属のように低ひずみ領域で大きく応力が立ち上がる弾性的な変形が起き，その後緩やかに応力が上昇する塑性的な変形を経て破断に至るという挙動を示した。ヤング率には有意差が見られず，いずれも300 MPa 程度であった。この硬さはアクリロニトリル由来のニトリル基間の双極子—双極子相互作用による物理架橋に基づいており，低ひずみ領域ではこの物理架橋が維持されたまま弾性的な変形が起きていると考えられる。以降の高ひずみ領域では，この物理架橋を解消しながら，塑性的に変形していると考えられる。フィルムの破断伸び率は軸分子とBACHの双方を含む場合は380 %であったのに対して，軸分子を含まない場合は280 %，BACHを含まない場合360 %と低かった。また，破断強度も双方を含むフィルムが最も高かった。単なる化学架橋は，一般に引っ張り強さ

を高めるものの,伸び率を低下させる。この関係は軸分子ないしはBACHを含まないフィルムの間では成立しているものの,破断強度と伸び率が最も高い双方を含むフィルムとの間では成立していない。これは,双方を含むことで,自由架橋構造による応力の均一化と架橋密度の増加が起き,結果的に硬さと強靭さの双方が獲得できたことを支持している。先に塑性変形でなく塑性的な変形という言葉を用いたが,これは,本材料は弾性変形領域を超えた高ひずみ領域まで変形させても回復させることができるという,純粋な塑性変形とは言えない挙動を示すからである。例えば引張ひずみを250％程度に止めれば,ガラス転移温度以上では数秒で元の長さへと回復する形状記憶特性を持つ。すなわち,この変形は可逆的である。

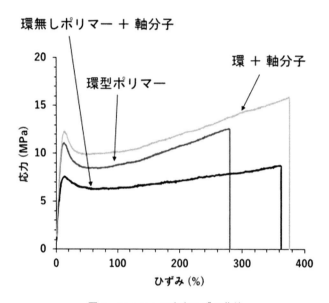

図4 フィルムの応力ひずみ曲線
(引張速度＝5 mm／分,フィルムサイズ：L／W／T＝25／10／0.5 mm)

図5 本フィルムで折った折り鶴

第 1 章　ガラス代替樹脂開発

　この特異な強靭性のため，－21℃において 180°折り曲げを行っても破断しなかった。さらに，180°折り曲げた後に逆折り曲げをしても，破断することも折り目が白化することもなかった。このため折り鶴のような複雑な変形を行っても，フィルムの劣化は見られなかった（図5）。また，この折り鶴は，80℃程度の湯中で速やかにフィルム状へと回復する，形状記憶特性を示した。このように，本材料はこれまでの材料にない透明性と硬さとしなやかさを十分に持つ新素材である。

5.5　終わりに

　本稿で紹介した材料は，簡便な光ないしは熱硬化で作製できる，透明かつ強靭なバルク材料であり，水などの媒質を含まない。汎用モノマーが原料の 95 wt% 以上を占めていても，優れた特性を発揮することができる。このことから，モノマーの組み合わせにより多様な材料への応用が期待できるほか，コスト面でのメリットも大きい。これまで脆いか柔らかいかのどちらかになりがちであった樹脂材料に「硬くしなる」特性を付与できることから，安心・安全と軽量化を両立する設計に向けた新しい材料として期待できる。

謝辞
本研究は日立化成㈱のご支援を頂きました。深く感謝いたします。

文　　　献

1)　(a) Y. Tanaka, J. P. Gong *et al., Prog. Polym. Sci.,* **30**, 1 (2005); (b) C. Creton, *Macromolecules,* **50**, 8297 (2017) など
2)　(a) J. P. Gong, Y. Osada *et al., Adv. Mater.,* **15**, 1155 (2003); (b) Y.-H. Na, M. Shibayama *et al., Macromolecules,* **37**, 5370 (2004); (c) R. E. Webber, J. P. Gong *et al., Macromolecules,* **40**, 2919 (2007); (d) 中島祐，龔剣萍ほか，高分子論文集，**65**, 707 (2008); (e) T. Nakajima, J. P. Gong *et al., Soft Matter,* **9**, 1955 (2013) など
3)　(a) T. Sakai, M. Shibayama *et al., Macromolecules,* **41**, 537 (2008); (b) T. Matsunaga, M. Shibayama *et al., Macromolecules,* **42**, 1344 (2009); (c) T. Sakai, *React. Funct. Polym.,* **73**, 898 (2013); (d) 酒井崇匡，柴山充弘，日本ゴム協会誌，**87**, 89 (2014) など
4)　(a) Y. Okumura, K. Ito, *Adv. Mater.,* **13**, 485 (2001); (b) K. Ito, *Polym. J.,* **39**, 489 (2007); (c) T. Arai, T. Takata *et al., Chem. Eur. J.,* **19**, 5917 (2013); (d) Y. Noda, K. Ito *et al., J. Appl. Polym. Sci.,* **131**, 4050 (2014); (e) A. B. Imran, K. Ito *et al., Nat. Commun.,* **5**, 5124 (2014); (f) 林佑樹，伊藤耕三ほか，塗装工学，**47**, 182 (2012) など
5)　B. Ochiai, Y. Ootani *et al., J. Am. Chem. Soc.,* **130**, 10832 (2008)
6)　B. Ochiai, T. Shiomi *et al., Polym. J.,* **48**, 859 (2016)

6 フルオレンによる樹脂の高屈折，高耐熱化

安田理恵[*1]，宮内信輔[*2]

6.1 はじめに

近年，自動車に搭載されるカメラは急速に増加しており，その用途も多種多様である。カメラに使用される光学レンズ材料も，従来は信頼性が高いことからガラスが使用されてきたが，他の電子機器同様に小型化・軽量化・低コスト化の要求から，ガラスよりも軽量で，生産性が優れた樹脂への展開が進んでいる。

カメラの高画素化・小型化が進むにつれて，屈折率の高い材料が求められているが，屈折率を高めると光学ひずみが出やすく画像の解像度低下が課題とされていた。しかし，最近では屈折率が高くかつ光学ひずみの小さいレンズ用樹脂が開発されつつある。

また自動車に搭載されるカメラには多くの電子材料も搭載されており，今後も飛躍的な成長が見込まれる。車載用カメラに用いられる樹脂においては，屈折率が高いこと以外の重要な特性として屋外で使用されることから信頼性が求められている。その中でも耐熱性は極めて重要な指標の一つであり，光学材料，接着剤や塗料，電子材料，半導体材料などの様々な分野で日々開発がなされている。

本稿ではこれらの特性を併せ持つ材料の一例として，各種フルオレン誘導体の特長と，その応用事例について紹介する。

6.2 フルオレンとは

石炭を乾留した際に副生するコールタール中に1％ほど含まれる化合物の一つであるフルオレン（図1）は，五員環に2つの芳香環が結合した構造を持つ多環芳香族化合物であり，このフル

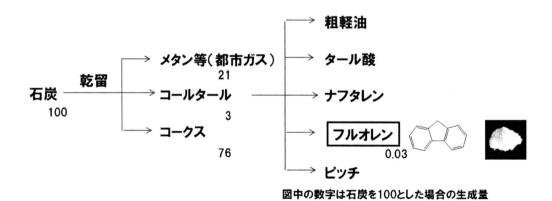

図1 石炭からフルオレンまで

＊1　Rie Yasuda　大阪ガスケミカル㈱　ファイン材料事業部　製品開発部
＊2　Shinsuke Miyauchi　大阪ガスケミカル㈱　ファイン材料事業部　製品開発部　部長

第1章　ガラス代替樹脂開発

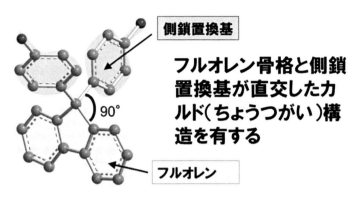

図2　フルオレン誘導体の構造

オレンに官能基を付与することにより，カルド（ちょうつがい）構造と呼ばれる骨格を有するフルオレン誘導体を合成することができる（図2）。

フルオレン誘導体は，このカルド構造によりフルオレン環と側鎖アリール基が配向することなく互いに直行する立体配座をとるため，光学的異方性を打ち消し合い，光学的に等方性となる。そのため，光学的なひずみが生じにくく，高屈折率の多環芳香族化合物でありながら，低複屈折を実現する光学材料として理想的な物性を有する。

また，多環芳香族由来の耐熱性や高強度も兼ね備えるため，このフルオレン誘導体を各種プラスチック材料に導入することで高透明性と耐熱性などの複数の機能を併せ持つ材料を得ることが期待できる。

これらの特長を生かして，フルオレン誘導体を含む材料はスマートフォンや自動車のセンサーなどのレンズ用途や，液晶ディスプレイ用の光学フィルム，電子材料用途など様々な用途で使用されている。

6.3　屈折率と耐熱性を高めるには

プラスチックの屈折率を高くするためには，真空中における光の速度に対して分子内を透過する際の光の速度を小さくする必要がある。すなわち，高分子内の電子密度を局所的に高め，分極率の大きな構造を導入することが有効である。一般的には，下記の構造を導入する方法が考えられる。

① ハロゲン（臭素など；フッ素は除く）
② 硫黄
③ 無機粒子，フィラー
④ 芳香環の導入

このうち①のハロゲン，②の硫黄の導入は屈折率の向上には有効であるが，加熱時に着色を引き起こしやすく，透明性および耐熱性が十分でない。また，③の無機粒子は加熱時に凝集し，

HAZE が発生しやすく，透明性が低下しガラス代替としては好ましくない。そのため，高屈折率化を目指すには④の芳香環の導入が有効とされている。

一般にフェニル基などの芳香環を導入すると屈折率は大きくなるが，芳香環が規則的に並ぶことにより複屈折が観測される。芳香環を持たないポリメチルメタクリレート（PMMA）のような材料は，複屈折は非常に小さいが，屈折率が低いため最近のレンズ用途としては使用量が減少している。しかしフルオレン誘導体は芳香環が多いにもかかわらず，カルド構造を有することから前述の通り低複屈折化を実現することができる。

次に一般的な耐熱性の種類と耐熱性を高める方法について説明する。耐熱性には，高ガラス転移温度（Tg），耐熱変色性，低アウトガス，加熱時の物性維持など様々な指標があり，これらの耐熱性を高めるためにはそれぞれ異なるアプローチが取られている。

Tgを高めるためには，芳香環などの剛直な構造を増やすことや，架橋密度を高めることが有効である。耐熱黄変性を高めるには切れやすい結合を排除して剛直な構造を導入することが有効であり，低アウトガスには揮発性の低いモノマーを用いることや樹脂中における未反応モノマーの低減が有効とされている。

ここで一般的なポリエステル（PET）樹脂中のアルコール成分をフルオレン誘導体の一つであるビスフェノキシエタノールフルオレン（以下 BPEF と略す）に置き換えた結果を示す（図3）。これより BPEF 重量比が多くなるほど Tg は大きく上昇しており，フルオレンが耐熱性を高める効果があるということが確認できる。

すなわちフルオレン誘導体は高屈折率・低複屈折化，耐熱性向上のいずれにも有効であり，その応用例について以下に詳述する。

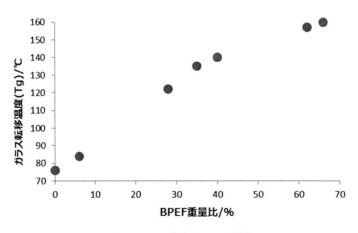

図3　BPEF 比率と Tg の関係

第1章　ガラス代替樹脂開発

6.4　高屈折率, 高耐熱樹脂
6.4.1　熱可塑性樹脂

撮像レンズには主に射出成型により大量生産が可能な熱可塑性樹脂が主に使用されている。これまで, 様々な光学樹脂材料が開発され, 代表的なものにポリメチルメタクリレート樹脂 (PMMA), ポリカーボネート樹脂 (PC), 環状ポリオレフィン樹脂 (COP, COC) や, フルオレン型ポリエステル樹脂 (OKP®) などがある。

図4の構造を有するフルオレン型ポリエステル樹脂 OKP® は射出成型用の光学樹脂材料として用いられており, その特長として高屈折率, 低複屈折, 高耐熱, 高流動性が挙げられる。OKP® はフルオレンやフェニル基など多数の芳香環を有していることから屈折率は一般的なポリカーボネート樹脂 (PC) よりも大きく 1.6 以上であり, 射出成型によるレンズ成形が可能な樹脂材料としては, 最高レベルの屈折率を有している (表1)。なお, 昨今ではフルオレンを導入したポリカーボネート樹脂の開発も進められている。

前述の通りフルオレン型ポリエステル樹脂 OKP® は, 高屈折率であることからレンズモジュールの小型化を可能とし, また低複屈折であることからより鮮明な画質を得ることができる。

さらに, PC などと比べると屈折率 1.6 以上でありながら, ガラス転移点温度 (Tg) 130℃以上の耐熱性を兼ね備えた材料である。これはフルオレン誘導体が芳香環を多く含むという大きな特長によるものである。高屈折, 高耐熱性を付与するには前述した通りベンゼン環などの芳香環構造を多く導入すると効果的だが, これらの芳香環構造を多く持つポリマーは複屈折が大きくひずみを生じやすい材料となってしまう。OKP® は芳香環が多いにもかかわらず, カルド構造を有することから光学異方性を打ち消しあい低屈折率化を実現している。

また同様に, ベンゼン環のような芳香環を多く持つ材料は, 分子内において芳香環同士のス

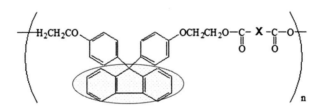

図4　フルオレン型ポリエステル樹脂

表1　熱可塑性透明樹脂の比較

項目	PC	PMMA	COP	OKP-1	OKP-V1
屈折率 (nD, 20℃)	1.59	1.49	1.54	1.64	1.64
複屈折	△	◎	○	◎	○
ガラス転移温度 (℃)	145	110	138	132	148

タッキングが生じ粘度が上昇しやすい。光学用途で用いられる小型レンズの成形においては，容易な精密成形が求められているため高屈折，高耐熱性と同時に樹脂の流動性も必要となる。フルオレン材料を用いることにより，芳香環を多く含みながらも，高い流動性を保持できる材料の設計ができるようになる。これらの特長も兼ね備えていることから，スマートフォンに代表されるような撮像レンズなどに用いられており，今後も更なる高屈折率化，高耐熱，高流動化などを目指した材料の改良が進められている。

6.4.2 熱硬化性樹脂

エポキシ樹脂の構造の一部にフルオレンを導入した熱硬化性樹脂について述べる。フルオレン型エポキシはビスフェノールA型エポキシ（以下BisA型エポキシと略す）の2個のメチル基をフルオレンに置換した構造（図5）である。

そのため，フルオレン型エポキシはBisA型エポキシと比較して，5％重量減少温度が60℃以上高くなり，中でもより剛直な構造を持つフルオレン型エポキシであるOGSOL®CG-500では，5％重量減少温度が400℃に達する（表2）。また，一般に耐熱性が低くなると予想される液体グレードのフルオレン型エポキシであるOGSOL®EG-200でも5％重量減少温度が380℃を超える。このことから，フルオレン型エポキシと硬化剤とを反応させると，反応時に未反応エポキシが残存しても，アウトガスが発生しにくくなり，耐熱性を高めることが可能となる。

耐熱性の1つである低アウトガスには揮発性の低い剛直な構造を持つモノマーを使用することや，硬化率を向上させ，未反応のモノマーや低分子成分であるオリゴマーを低減することが効果的であると考えられている。

しかし剛直な構造としてベンゼン環などの芳香族構造を多く導入すると，芳香環同士のスタッ

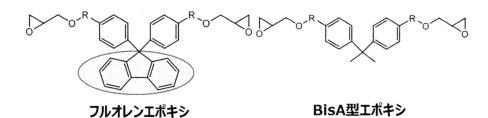

図5　フルオレン型エポキシおよびBisA型エポキシ構造

表2　エポキシ樹脂　物性データ

項目【単位】	エポキシ樹脂			
	PG-100	CG-500	EG-200	BisA型エポキシ
	固体グレード		液体グレード	
エポキシ当量【g/eq】	260	310	290	180
屈折率（D線, 25℃）	1.64	1.70	1.62	1.58
耐熱性 5％重量減少温度【℃】	354	400	389	280

第1章　ガラス代替樹脂開発

キングが生じ，溶剤への溶解性や，流動性が低下しハンドリング性も悪くなる。

一方，エポキシ構造に剛直なフルオレンを導入することは，BisA型エポキシ同様の2官能エポキシでありながら硬化物のTgが大幅に向上し，また，ハンドリング性を著しく悪化させることなく，耐熱変色性や低アウトガス化を実現できることから，上記のいずれの耐熱性向上にも有効なアプローチとなる。

また先に述べたフルオレン含有エポキシ樹脂は単体で屈折率1.6以上であり，CG-500においては屈折率が1.70と極めて高く，また耐熱性においても優れている。これについても，フルオレン誘導体を効率的に取り入れることにより高屈折率，高耐熱を兼ね備えた樹脂となっていることがわかる。

耐熱性の観点からみると，耐熱黄変性も重要な要素である。カラーフィルタやレンズなどの光学用途においては，硬化物の着色は少ない方が望ましく，特に加熱時における変色度は重要な指標といえる。そこでフルオレン型エポキシを用いた硬化物の熱に対する耐変色性を，次に示す条件を用いて確認した。

エポキシとしてフルオレン型エポキシ（OGSOL®PG-100）およびBisA型エポキシ（三菱ケミカル社製，JER®828）を，硬化剤として酸無水物（新日本理化製，リカシッドMH-700）を用い，それぞれ150℃×5時間加熱して厚み200μmの硬化物を作製した。この硬化物を150℃にて100時間耐熱試験した前後の400 nmでの透過率の変化をそれぞれ測定した。その結果を図6に示す。

フルオレン型エポキシは，100時間経過後の透過率が80％を維持しており，BisA型エポキシと比較して加熱時の着色が少ない樹脂であることがわかった。一般に耐熱性に優れ，剛直な多環芳香族化合物は，光の吸収波長が可視光領域に近づくため，わずかな光や熱により着色しやすいと考えられるが，逆の結果となった。これはフルオレン型エポキシが剛直な構造のために，粘度が高くなり，加熱時の分子振動が抑制されたためと推察している。

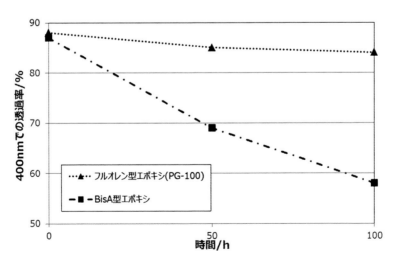

図6　酸無水物を硬化剤に用いたエポキシの150℃耐熱試験

6.4.3 光硬化性樹脂

フルオレン誘導体をアクリル樹脂の成分として用いることもできる。フルオレン誘導体において，アクリル基を末端とするアクリレート（図7）を既存材料と組み合わせ屈折率が高くかつ，耐熱性の高い光硬化性樹脂となる。

一般的な2官能アクリレートであるビスフェノールA型アクリレート（BisA型アクリレートと略す，EOの平均付加：4）の屈折率（硬化前1.538，硬化後1.562）と比較して，同じく2官能であるフルオレンアクリレート（OGSOL®EA/GAシリーズ）はいずれも硬化前の屈折率が1.555～1.620，硬化後の屈折率が1.576～1.650と高い（表3）。

また，硬化後のガラス転移温度（Tg）についても，BisA型アクリレート（EOの平均付加：4）は83℃であるのに対し，EA-0200で211℃と高く，より剛直な構造を導入したGA-5060Pについては228℃にまで到達する。

硬化条件については，アクリレート100部に対して，光重合開始剤としてIrgacure184（BASF社製）を3部添加し，ガラス基板上でバーコーターを用いて膜厚20μmになるように塗布した後，高圧水銀灯を用いて360mJ/cm²照射した。

また図8に2種のフルオレン型アクリレートとBisA型アクリレート（EOの平均付加：10）およびウレタンアクリレートの熱重量減少測定の結果を示す。フルオレン型アクリレートであるOGSOL®EA-0200は剛直な構造を有するため，5%重量減少温度は416℃となり，BisA型アクリレート（EOの平均付加：10）の390℃およびウレタンアクリレート308℃より優れた耐熱安定性を有するため，高温下でも分解せず，アウトガスが発生しにくい。

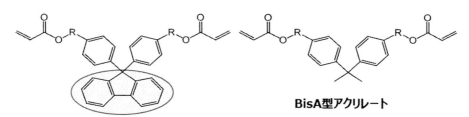

図7 フルオレン型アクリレートおよびBisA型アクリレート構造

表3 アクリレート樹脂 物性データ

項目		剛直グレード			柔軟グレード		
		OGSOL® EA-0200	OGSOL® GA-5060P	BisA型アクリレート（EO付加数：4）	OGSOL® EA-0300	BisA型アクリレート（EO付加数：10）	ウレタンアクリレート
硬化前	屈折率（D線, 25℃）	1.616	1.620	1.538	1.555	1.520	1.510
	色相（APHA）	<100	500<	<50	<100	<50	<50
硬化後	屈折率（D線, 25℃）	1.626	1.650	1.562	1.576	1.535	1.519
	Tg（DSC）[℃]	211	228	83	17	0	<0

第1章　ガラス代替樹脂開発

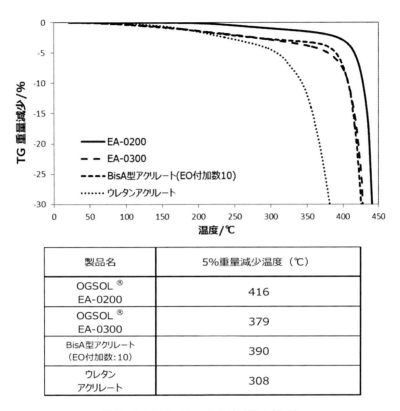

図8　各種アクリレートの熱重量減少測定

6.5　おわりに

　以上のように，多環芳香族化合物であるフルオレンを含むポリエステル樹脂やエポキシ樹脂，アクリレート樹脂は，高屈折率であることに加えて，高Tgや低アウトガス，加熱時の耐変色性などの耐熱性を有する特異的な材料といえる。今後ますます高性能化，小型化する電子材料分野および自動車用途材料分野においてガラス代替材料として好適に用いることができる。

文　　　献

1) 川崎真一，アロマティックス，**59**（秋季），238-240（2007）
2) 長嶋太一ほか，(高・低) 屈折率材料の作製と屈折率制御技術，p.285（2014）
3) 大田善也，宮内信輔，成形加工，**28**(10)，421-424（2016）

7 透明・耐熱性樹脂改質剤：イソシアヌル酸, グリコールウリル誘導体

熊野　岳*

7.1　開発の背景

　四国化成工業㈱では，独自の合成技術をコアとして，これまでに様々なイソシアヌル酸誘導体を開発してきた。現在，これら誘導体は，透明・耐熱性樹脂の架橋剤としてディスプレイ材料を中心とした幅広い用途で使用されている。しかしながら，近年，電子材料分野では，材料特性に対する要求拡大に伴い，更なる新規材料が必要とされている。そこで，当社ではイソシアヌル酸誘導体開発で培った合成技術を活かし，新たな透明・耐熱性樹脂改質剤として，グリコールウリル誘導体の開発に取り組んでいる。

　本稿では当社が開発を行ってきたイソシアヌル酸誘導体とグリコールウリル誘導体のそれぞれの特徴と使用方法について記述する。

7.2　イソシアヌル酸, グリコールウリル誘導体の特徴

　イソシアヌル酸骨格の特徴としては①耐熱性，②透明性が挙げられる。まず，①耐熱性としては，骨格の分解温度が300℃以上であり，非常に安定な構造であることが分かっている。次に②透明性としては，イソシアヌル酸骨格は非芳香族骨格であり，光の吸収が少ないとされている。実際に300 nm以下での光の吸収は観測されず，特に可視光域での透明性に優れている。一般に耐熱性を有する化合物は透明性が低いことが多く，耐熱性と透明性を併せ持つ有機化合物は極めて希少であると言える。また，イソシアヌル酸骨格は3つの置換基を有する。現在，アリル基が導入された化合物（トリアリルイソシアヌレート）がエチレン酢酸ビニル共重合樹脂やフッ素樹脂の架橋剤として，エポキシ基が導入された化合物（トリグリシジルイソシアヌレート）がエポキシ樹脂架橋剤として，透明性と耐熱性を向上させる改質剤として広く使用されている（図1）。一方で，この3つの官能基は異なる反応性官能基種を導入することが可能であり，ユニークな特徴を示すことが分かっている。本項では，図2に示すアリル基とエポキシ基を併せ持つ化合物について説明する。

　次に，グリコールウリル骨格の特徴としては①耐熱性，②透明性，③四官能の3点が挙げられ

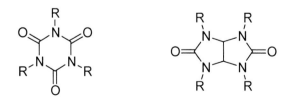

図1　イソシアヌル酸誘導体（左），グリコールウリル誘導体（右）

＊　Takeshi Kumano　四国化成工業㈱　機能材料チーム　リーダー

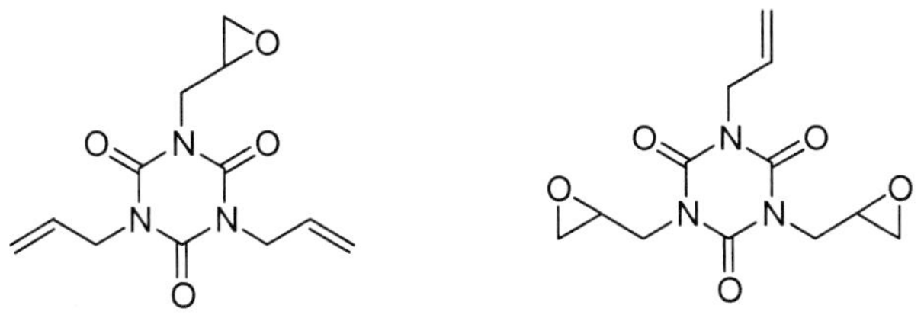

第1章　ガラス代替樹脂開発

DA-MGIC　　　　　　　　MA-DGIC

図2　四国化成イソシアヌル酸誘導体

TG-G　　　　　TS-G　　　　　TM-2　　　　　TA-G

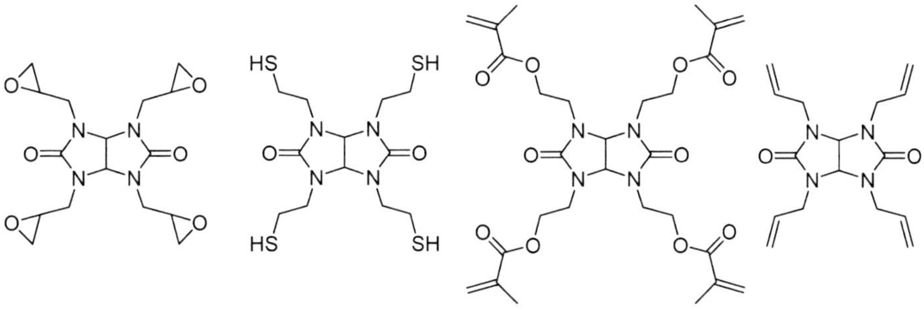

図3　四国化成グリコールウリル誘導体

る。まず，①耐熱性と②透明性は，上記イソシアヌル酸骨格とほぼ同等の特性を示すが，③四官能については，架橋剤として使用した場合，イソシアヌル酸等の三官能タイプの架橋剤よりも架橋密度が向上し，その結果，硬化物の耐熱性や機械物性の更なる向上が期待できる。なお，一般に市販されている架橋剤としては，イソシアヌル酸誘導体等の三官能タイプが大半を占めており，四官能タイプの架橋剤は珍しいと言える。

　当社では幅広い樹脂適用を目標に，様々な反応性官能基を有するタイプのサンプルワークを行っているが，その中でも今回，図3に示す誘導体について紹介する。

7.3　使用方法

　イソシアヌル酸，グリコールウリル誘導体は，架橋剤として使用することにより樹脂の特性を改質することができる。つまり，使用するモノマーに対して反応活性な官能基を持つイソシアヌル酸，グリコールウリル誘導体を添加し硬化させることにより，骨格が樹脂構造中に組み込まれ，種々の特性を向上することが可能となる。例えば，エポキシ樹脂を用いる場合にはエポキシ基を持つ TG-G，アクリル樹脂を用いる場合にはメタクリル基を持つ TM-2，ポリオレフィンやシリコーンを用いる場合にはアリル基を持つ TA-G が選択される。なお，チオール基を有する TS-G は，エポキシ樹脂，アクリル樹脂等様々な樹脂系への適用が可能である。

69

7. 4　イソシアヌル酸誘導体

本項からは主な開発品について具体的に説明する。

図2に示したDA-MGIC，MA-DGICは，いずれもエポキシ基とアリル基を構造内に併せ持つイソシアヌル酸誘導体でありユニークな特徴を有する。構造中に含まれるエポキシ基は一般のエポキシ樹脂と同様の方法で硬化することができ，エポキシ樹脂として使用した場合，広く使用されているエポキシ樹脂であるビスフェノールA型エポキシの硬化物よりも優れた特性を示す（表1）。

また，アリル基は白金触媒存在下でシリコーンと速やかに反応するため，これらイソシアヌル酸誘導体を架橋剤として用いることでシリコーンとエポキシのハイブリッド樹脂を得ることができる。一般にシリコーン樹脂は透明性と耐熱性が要求されるLED材料等に使用されるが，ガスバリア性の低さが問題となっており，これらハイブリッド樹脂とすることで前記課題を克服できるため，精力的に検討されている。

表1　MA-DGIC 硬化物比較

	Tg (℃)	線膨張率 (10^{-6}/K)	硬度 (ショア D)	曲げ弾性率 (10^3 kgf/cm^2)
ビスフェノール A 型エポキシ	160	77.9	85.5	27.5
MA-DGIC	173	71.9	90.0	42.7

硬化剤：2E4MZ　2 phr
硬化条件：70℃/2 h → 150℃/4 h

7. 5　TG-G（エポキシタイプ）

TG-G は反応性官能基としてエポキシ基を持つ無色粘性物であり，一般的なエポキシ樹脂と同様の方法で硬化することができる。使用用途としては，接着剤や塗料といった一般的なエポキシ樹脂が使用される用途に適用が可能であり，特に構造中に3つのエポキシ基を有するイソシアヌル酸誘導体であるトリグリシジルイソシアヌレート（TG-ICA）が使用される透明材料用途が想定される。TG-G を架橋剤として使用することにより高密度架橋を構築することができ，その結果，エポキシ樹脂の耐熱性，機械物性の向上が期待できる。実際に TG-G をイミダゾール系硬化触媒により単独硬化させた場合，ガラス転移温度（Tg）が300℃以上と極めて高い耐熱性を有する硬化物を得ることができる（図4）。

また，TG-ICA は優れた架橋剤であるが，その結晶性の高さから樹脂への相溶性が極めて低く配合系が限定されるという課題があった。これに対し，TG-G は常温下で液状であり，且様々な有機溶媒と相溶するために幅広い配合系に適用が可能である。

第1章 ガラス代替樹脂開発

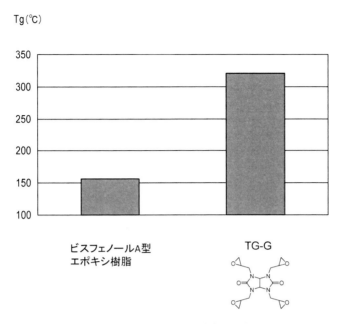

図4 エポキシ樹脂の耐熱性比較

7.6 TS-G（チオールタイプ）

　チオール基を導入した TS-G は，種々のエポキシ硬化剤として使用することができ，低温硬化条件で高耐熱のエポキシ硬化物を得ることができる。例えば，TS-G を用いてビスフェノール A 型エポキシ樹脂を硬化させた場合，100℃以下の温度条件で速やかに硬化反応が進行し，Tg が 100℃以上のエポキシ硬化物を得ることができる。現在同用途で市販されている一般的なチオール化合物を用いた場合 Tg が 30～50℃であることから，従来エポキシ／チオール硬化系の使用が困難であった用途への適用が進んでいる。また，TS-G はエステル結合等の加水分解性の結合を含まないため，TS-G を硬化剤として用いたエポキシ硬化物は耐湿性に優れることが分かっている。具体的には，TS-G／ビスフェノール A 型エポキシ樹脂の硬化物は，耐湿試験（85℃／85％／1000 時間）後も金属との接着力の低下が全くみられない。現在，環境負荷への観点から硬化プロセスの低温化に対するニーズが高まっており，その中でもエポキシ／チオール硬化系が注目を集めているが，TS-G は高耐熱，高耐湿性を達成する好適な材料であるものと確信している（図5）。

　更にアクリル樹脂の改質剤として使用した場合，酸素存在下でも硬化阻害を抑制でき，硬化物の耐熱性向上と，硬化時の体積収縮が低減する（表2）。また，既存のチオールと比較して硬化物の耐湿性が向上することが分かっている（表3）。

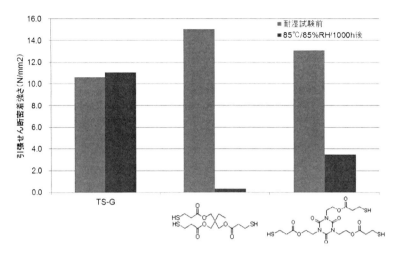

樹脂組成：ビスフェノール A 型エポキシ／チオール／BDMA＝100／チオール／
　　　　　（エポキシ等量比＝1）／1
硬化条件：80℃／1 h
試験方法：JIS K6850 準拠

図5　エポキシ／チオール硬化物耐熱性比較

表2　TS-G アクリル硬化物比較

	Tg（耐熱性）	カール性（硬化収縮性）
未添加	15℃	7
TS-G 配合系	37℃	3

アクリレート：ビスフェノール A EO 変性ジアクリレート
チオール：TS-G　10 wt%
硬化剤：IRGACURE 184　2 wt%
UV 照射量：1,000 mJ/cm^2
カール性：膜厚 50 μm，PET50×50 mm フィルム 4 頂点の平均高さ

第1章　ガラス代替樹脂開発

表3　チオール耐湿性比較

チオール	接着性（碁盤目試験）	
	耐湿試験前	60℃/95％RT/1000 h
TS-G	100/100	100/100
（化学構造式）	100/100	0/100
（化学構造式）	100/100	0/100

アクリレート：ビスフェノール A EO 変性ジアクリレート
チオール：各チオール　10 wt%
硬化剤：IRGACURE 184　2 wt%
UV 照射量：1,000 mJ/cm^2
膜厚：6 μm
基材：易接着 PET

7.7　TM-2（メタクリルタイプ）

　TM-2 は，構造中に 4 つのメタクリル基を有する化合物で光，熱ラジカル等により硬化する。一般に（メタ）アクリル樹脂の架橋剤として使用されるが，かさ高い母骨格に由来する，従来のアクリル架橋剤とは異なる特徴を有することが分かっている。TM-2 を架橋剤として使用することで耐熱性，機械強度，およびガラスとの密着性が向上する。一方で，従来の多官能アクリル架橋剤と比較して，硬化時の収縮は抑制される（表4）。アクリル架橋剤は機械物性向上と硬化収縮がトレードオフの関係となっていたが，TM-2 を使用することでこれらの特徴を両立することが可能となる。現在，ディスプレイ用途を中心に様々な用途で検討が進んでいる。

表4　TM-2 アクリル硬化物比較

	Tg （耐熱性）	鉛筆 硬度	ガラスとの密着性 （MPa）	カール性 （硬化収縮性）
未添加	66℃	B	0.9	1
ジペンタエリスリトール型 六官能アクリレート配合系	82℃	2 H	0.6	12
TM-G 配合系	106℃	4 H	1.8	2

配合：トリプロピレングリコールジアクリレート／アクリル架橋剤／イルガキュ
　　　ア 184＝50/50/2
UV 照射量：3,000 mJ/cm^2（窒素雰囲気下）
カール性：膜厚 24 μm，PET（ルミラー♯50T60）50×50 mm フィルム 4 頂点の
　　　　　平均高さ

7.8 TA-G（アリルタイプ）

　TA-Gは反応性官能基としてアリル基を持つ無色液体であり，過酸化物によるラジカル架橋や電子線架橋等によりアリル基をモノマーと反応させることで樹脂中にTA-Gを組み込むことができる。適用用途としては，トリアリルイソシアヌレート（TA-ICA）が使用される用途全般が想定でき，具体的にはポリオレフィン，フッ素樹脂，シリコーン等の架橋剤として使用が期待される。また，三架橋タイプであるTA-ICAに対し，TA-Gは四架橋タイプであることから，より高密度の架橋構造を構築することができ，その結果，耐熱性，機械物性の更なる向上が期待できる。さらに，TA-ICAはその揮発性からハンドリング性に課題があったが，TA-Gは比較的高沸点（5％重量減少温度：220℃）であるため混練時に揮発することがなく，従事者と設備への負担を低減できる（図6）。なお，当社ではグリコールウリル誘導体以外にも，構造中2つのイソシアヌル酸骨格を含有する四官能アリル化合物の開発を行っており，本開発品についてもTA-Gと同様の特徴が期待できる。

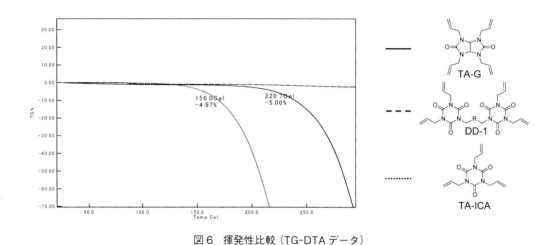

図6　揮発性比較（TG-DTAデータ）

7.9　今後の展開

　今回紹介したイソシアヌル酸，グリコールウリル誘導体は，いずれも耐熱性と透明性を特徴とする樹脂架橋剤である。ガラス代替の樹脂開発において，透明性を維持したまま耐熱性，機械物性を向上させる樹脂改質剤として有用であると確信している。

　今後もガラス代替としての耐熱・透明材料市場はますます拡大するものと考えられ，更なる高度な要求に応えるべく改良検討を推進していく所存である。

8 ポリイミド／シリカハイブリッド材料の透明性とシリカナノ分散化技術

伊掛浩輝[*]

8.1 はじめに

ポリイミドとは，主鎖の分子骨格にイミド結合（[-(C=O)-(N-R)-(C=O)-]，R: 置換基）を有するポリマー群の総称で，高分子材料の中でも際立って優れた熱的安定性（ガラス転移温度 T_g 250℃以上，熱変形温度約270℃）を有し，また，力学強度や耐薬品性に対しても優れていることから，工業分野の他，自動車工業，航空宇宙産業など極限環境下での利用が検討されているスーパーエンジニアリングプラスチックのひとつである。ポリイミドは，ジカルボン酸（テトラカルボン酸二水和物）とジアミンを原料として合成されるが，利用用途に応じて，適宜，モノマーを選択することで様々な性能や機能をもつポリイミドが合成できる。将来的には，従来の石油由来の原料だけでなく，植物などの再生可能な資源から原料（モノマー）を得て，これらからポリイミドを創出することも可能になると予想される。まさにポリイミドは，利用分野の開拓から生産プロセスの新規構築まで，今後の発展が大きく見込まれる高分子である。その中でも，当研究室では，ポリイミドと無機物質とのハイブリッド化，とりわけハイブリッドのナノ構造について検討しており，ポリイミドの優れた特性を損なうことなく，無機物質のもつ特性との融合化を図り，新たな物性が付与されたハイブリッド材料開発へと繋げていきたいと考えている。

本節では簡便なモデルとして，無機物質に SiO_2（シリカ）を取り上げ，ポリイミドとシリカとのハイブリッド化とその光学的性質について紹介する。ハイブリッドのナノ構造については拙著[1,2]であるが紹介した。また，ハイブリッドの応用事例として，可視光線から近赤外線と広い波長領域の光を透過するハイブリッドの透過性について，また，ハイブリッドが屈折率など光学用部品に適合した性能をもつ点についても拙著[3]であるが触れている。併せてご覧頂ければ幸いである。

筆者らの研究室では，ポリイミドの中でも主鎖骨格内に芳香環を持ち，直接イミド結合によって連結した環状ポリイミドに注目し研究を行っている。環状ポリイミドは，イミド結合内の極性基による分子間力と芳香環の π 共役系によるポリマー鎖間の相互作用が強く働き，鎖状に比べて剛直性を有し，ずば抜けて力学強度や熱的安定性が優れたタフネスなポリマーである。ここでは，光学材料を指向したポリイミド材料の開発として，当研究室で取り組んでいる環状ポリイミドとシリカとが複合したポリイミド／シリカハイブリッド材料の作製法について紹介する。筆者らのハイブリッド作製法の特徴としては，ポリイミド／シリカハイブリッドを二段階に分けて作製している点にあるが，具体的には原料となるプレポリマーの合成とその後に続く成膜工程にある。一段階目ではポリアミド酸（PAA）の合成およびPAA両末端にシランカップリング剤を用いて，トリメトキシシリル（TMS）基を導入したET-PAAを合成し，これをプレポリマーとしている点にある。二段階目は成膜工程であるが，シリカの前駆体であるテトラエトキシシラン

---

* Hiroki Ikake 日本大学 理工学部 物質応用化学科 准教授

自動車への展開を見据えたガラス代替樹脂開発

（TEOS）を用いて，反応系内で TEOS の脱水縮合反応によりシリカ微粒子を調製するとともに，熱イミド化することによってポリイミドの調製および高分子マトリックス中へのシリカナノ分散化を同時に行っている点にある。このことによって，耐熱性，力学的性質，光学的性質に優れたポリイミド／シリカハイブリッドフィルムが得られるようになる。

8.2　ポリイミド／シリカハイブリッド材料の作製

　一般的に，有機高分子と無機物質とをナノメートルサイズで混和する際には，両者のエネルギー状態が著しく異なるため，両者を均質にハイブリッド化させることは難しく，ポリマー相と無機相とでマクロ相分離が生じ透明性の確保ができない。そのために，本研究では，ポリイミドマトリックス中へのシリカの分散性を向上させるため，前処理として PAA 両末端をシランカップリング剤と反応[4,5]させ，PAA 両末端に TMS 基を導入した ET-PAA を合成した。また，シリカ微粒子についても，ポリイミドに直接複合するのではなく，シリカの前駆体となる TEOS を用いて ET-PAA との親和性を考慮した後に，液相での均一反応系において TEOS の脱水縮合反応によりシリカ微粒子を調製する手法を採用した。本節では，ハイブリッド化する際に必要な材料設計，すなわち検討項目として，

①　ポリイミドマトリックス中に無機酸化物をマクロ相分離することなく微分散させること。もしくは，無機酸化物が光の透過を妨げない程度のサイズで複合させること。

②　無機酸化物と複合化することで，ポリイミド鎖の結晶化度が低下することが懸念されるので，ハイブリッド化した場合でもポリイミド本来の耐熱性を有すること。

③　高温下で複合した無機酸化物がハイブリッドの熱分解や燃焼を助けるような触媒作用を示さないこと。

　上記の①～③について明らかにしたいと考えている。これらの条件をクリアする素材として 1, 2, 3, 4-シクロブタンテトラカルボン酸二無水物（CBDA）および 2, 2-ビス［4-(4-アミノフェノキシ)フェニル］プロパン（BAPP）とからなる環状ポリイミドを，そして，無機酸化物にはシリカを用いることにした。なお，本紹介では CBDA および BAPP から作製したポリイミドを以下，PI と略記することにする。

8.2.1　ハイブリッド作製で使用する試薬

　PI の前駆体となるポリアミド酸（PAA）の合成には，1, 2, 3, 4-シクロブタンテトラカルボン酸二無水物（CBDA）と 2, 2-ビス［4-(4-アミノフェノキシ)フェニル］プロパン（BAPP）を用いた。CBDA は日産化学工業より提供を受け，BAPP は純度 98％ の Sigma-Aldrich 製を用いた。溶媒には極性溶媒である関東化学製の脱水 N, N-ジメチルアセトアミド（DMAc）を用い，シランカップリング剤とシリカの前駆体には，それぞれ Sigma-Aldrich 製の純度 97％ の 3-アミノプロピルトリメトキシシラン（APrTMOS, b.p. 204.3℃, Press: 760 Torr）[6]と純度 99.999％ のテトラエトキシシラン（TEOS, b.p. 168.3℃, Press: 760 Torr）[7]を用いた。また，APrTMOS や TEOS の反応を促進させるために，酸触媒として関東化学製の 1 mol L^{-1}（1 M）塩酸（HCl）を使用した。

76

第1章 ガラス代替樹脂開発

8.2.2 ポリイミド前駆体ポリアミド酸のシランカップリング処理[4,5]

PI のプレポリマー，TMS 末端ポリアミド酸（ET-PAA）の合成スキームを図1に示す。

はじめに，PAA の合成法について示す。BAPP を所定量採取し，これに DMAc を 10 wt% 溶液となるように加え，BAPP が完全に溶解した溶液 A を調製する。一方で，CBDA についても所定量を採取し，DMAc を加えて 10 wt% となるように調製したスラリー状の溶液 B を得る。その後，溶液 B を溶液 A に少しずつ滴下混合しながら，均一になるまで十分に撹拌する。本研究では，BAPP と CBDA のモル比を 1：1.25 とした。この混合溶液を大気圧下，室温（RT）で，5 時間反応させ，PAA を得た。得られた PAA の分子量は，テトラヒドロフランを展開溶媒としたゲル浸透クロマトグラフ測定より求め，ポリスチレン換算であるが，数平均分子量 $M_n = 5.5 \times 10^3$，分散度 $M_w/M_n = 1.37$ となった。

次に，プレポリマーの合成法について示す。得られた PAA を所定量採取し，PAA の合成時と同じく濃度が 10 wt% となるように DMAc を加え，均一になるまで十分に撹拌する。PAA 両末端をシランカップリング処理するため，PAA のモル数に対して 2 倍モルとなるように APrTMOS を添加する。その後，大気圧下，室温で，6 時間反応させ，PAA 両末端に TMS 基を導入した ET-PAA を得た。

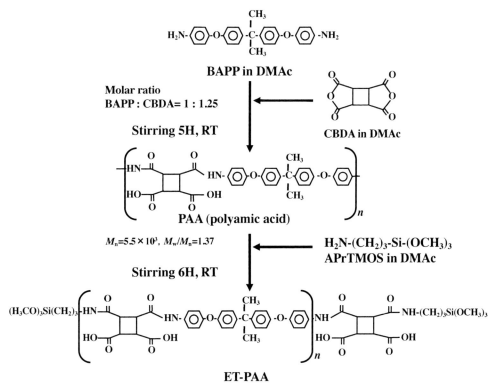

図1 トリメトキシシリル末端ポリアミド酸（ET-PAA）の合成

8.2.3　トリメトキシシリル末端修飾ポリイミドとシリカとの複合化[4,5]

　PI／シリカハイブリッドの作製方法を図2のスキームに示す。まず，ハイブリッド化する前に，次の (i)〜(iii) の溶液をそれぞれ調製する。TEOS の反応は PI 両末端の TMS 基よりも速く進行するために，予めハイブリッド化する際に使用する溶媒などで希釈すると良い。加水分解反応に用いる酸触媒なども同じく予め希釈されることをおすすめする。反応液の調製中に白色沈殿（多くはシリカによる）が生じた場合，キャスト法による試料作製では悪影響を与えるので注意することが必要である。以下にハイブリッド作製に必要な (i)〜(iii) の反応液を示す。

(i)　ET-PAA を所定量採取した DMAc 溶液を調製する。
(ii)　DMAc にシリカの前駆体である TEOS を所定量添加した反応液を調製する。
(iii)　1 M HCl を DMAc で適宜希釈した調製液を準備する。

　まず，(i) の調製液に (ii) 液を滴下混合し，室温で，30 分間撹拌する。その後，(i) + (ii) 混合液に，(iii) の調製液を加え，均一な (i) + (ii) + (iii) 溶液を調製する。この溶液を大気圧下，室温で，6 時間撹拌した後，シランカップリング処理したガラス製シャーレ（内径 95 mm×高さ 20 mm）に展開して，70℃の送風乾燥器で，18 時間乾燥させ余分な溶媒を除去する。次に，電気炉を用いて，大気圧下，空気雰囲気中で 100，200，300℃でそれぞれ 1 時間ずつ熱処理を行い，

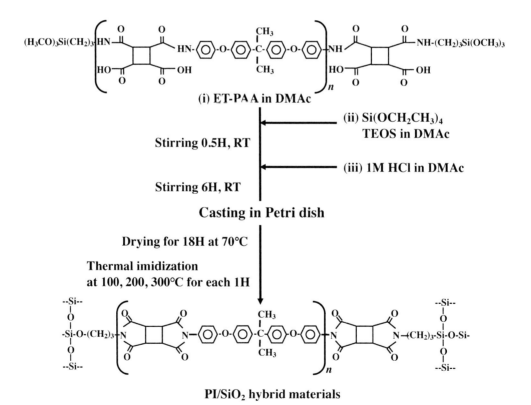

図2　ポリイミド／シリカハイブリッドフィルムの作製

第1章　ガラス代替樹脂開発

ET-PAA のイミド化を段階的に進めた熱イミド化を行った。なお，各温度からの昇温速度は 2℃ min^{-1}（一定）とした。また，得られたハイブリッドフィルムは茶褐色であるが透明であり，フィルムの厚みは，0.060～0.140 mm 程度であった。

8.3　物性測定装置および測定条件

8.3.1　イミド化率[10, 11]と耐熱性評価

　全反射型赤外吸収スペクトル（ATR-IR）測定には，サーモエレクトロン製 FT-IR Nicolet380 を用い，分解能 2 cm^{-1}，測定範囲 500～2000 cm^{-1}，積算回数 512 回，ダイヤモンドを窓材に 1 回反射法により相対湿度 50%，室温で測定した。熱重量分析（TGA）測定には，セイコーインスツル製 TG/DTA6200 を用い，昇温速度 5℃ min^{-1}，温度範囲 30～800℃，リファレンスに α-Al$_2$O$_3$，流出速度を 200 mL min^{-1} とした空気気流中で測定した。動的粘弾性（DVA）測定には，セイコーインスツル製 DMS6100 を用い，測定周波数 10 Hz，昇温速度 5℃ min^{-1} として引張モードで測定した。なお，測定温度範囲を 0～400℃ で，200 mL min^{-1} の窒素気流中で測定した。

8.3.2　シランカップリング処理とハイブリッドの光学的性質

　紫外—可視—近赤外分光光度（UV-VIS-NIR）測定には，日本分光製 V-670 を用い，測定範囲 200～1400 nm，走査速度 400 nm min^{-1}，バンド幅 2 nm，相対湿度 50%，室温で試料の透過率測定を行った。屈折率測定には，ATAGO 製多波長アッベ屈折計 DR-M4/1550 を用いた。測定温度は室温（一定）とし，中間標準液にヨウ化メチレン（$n_D^{20}=1.74$）を用いた。なお，n_D はナトリウム光源（波長 $\lambda=589$ nm）における屈折率を表す。

8.3.3　シランカップリング処理によるシリカの微分散化

　X 線広角回折（WAXS）測定には，PANalytical 製全自動多目的 X 線回折装置 X'Pert PRO MPD を用い，印加電圧および電流値はそれぞれ 45 kV，40 mA とした。ステップサイズを 0.1°，スキャンスピードを毎秒 0.02° とし，走査範囲 5～60°，室温で測定を行った。X 線小角散乱（SAXS）測定には，Anton Paar Kratky compact camera を用い，エントランススリットは 80 μm，カウンタースリットは 200 μm のコリメーション系を用いた。X 線の印加電圧および電流値はそれぞれ 50 kV，40 mA とし，計数は Ni フィルターを併用し，波高分析器により Cu Kα 線（波長 $\lambda=0.154$ nm）のみを選別し，プロポーショナルカウンターで行った。カメラ長は 210 mm で，測定温度は 30℃ とした。散乱強度は通常の透過率などの補正後，Glatter 法[8]でスリット補正し，Moving slit 法[9]により絶対散乱強度 I (q) に換算した。ここで，q は散乱波数ベクトルで $q=(4\pi/\lambda)\sin(\theta/2)$ と定義され，θ は散乱角である。

8.4　ポリイミド／シリカハイブリッド材料の物性測定

　8.2.3 項で作製した PI／シリカハイブリッドフィルムは，物性測定に用いる前に，真空乾燥器で十分に乾燥させてから使用した。

8.4.1 イミド化率[10,11]と耐熱性評価

はじめに，本法によって作製したPIのイミド化率を評価した。イミド化率がわずかに低下しただけでも，フィルムの物性，特に耐熱性が低下する恐れがある。そこで，本紹介では，測定試料量が少なく，前処理も簡便な全反射型赤外吸収スペクトル（ATR-IR）装置を用い，Kimら[10]の評価方法によりイミド化率を算出した。本節で用いるPI／シリカハイブリッドでのATR-IRスペクトルによるイミド化率の算出や試料調製，評価方法については拙著[11]でも詳説しているので併せてご覧頂きたい。

$$\text{イミド化率 [\%]} = \left(\frac{A_{1386}}{A_{1501}}\right)_{300℃} \Big/ \left(\frac{A_{1386}}{A_{1501}}\right)_{350℃} \times 100 \tag{1}$$

ここで，A_{1386}およびA_{1501}は，それぞれイミド環のC-N基による伸縮振動とベンゼン環の特性吸収に基づく吸光度で，添字の1386と1501は，図3に示すそれぞれの吸収ピーク位置を意味している。図3では，シリカ未複合（0 wt%）と40 wt%複合したハイブリッドフィルムの熱イミド化温度を300と350℃とした時の熱処理温度の違いによるATR-IRスペクトル曲線を示した。ここでは，熱イミド化が350℃で十分に進行したものと考えて，これを基準に300℃における吸光度の比として定義した。

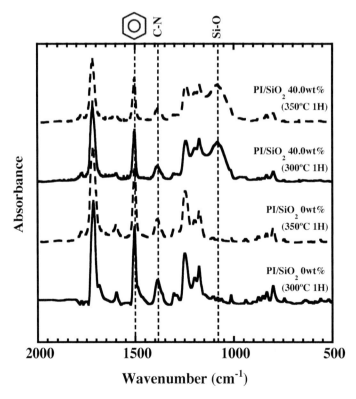

図3　PI／シリカハイブリッドのシリカ複合量と熱イミド化温度の違いによるATR-IRスペクトル

第1章　ガラス代替樹脂開発

(1)式に従ってイミド化率を求めたところ，シリカ未複合（0 wt%）では98.4%で，シリカ40 wt%複合した場合では98.7%と双方とも高いイミド化率を示した。本法の調製条件で十分にイミド化が進行していることがわかる。また，図3に示す通り，シリカを複合したフィルムでは，未複合（0 wt%）では観測されなかったシロキサン結合（Si-O-Si）結合に基づく伸縮振動ピークが1080 cm^{-1} [12)]付近に出現する。350℃で熱イミド化した場合でも，この吸収ピークは消失することなく示されたことから，シランカップリング剤をPAAに導入することで，ポリマーとシリカとのハイブリッド化が進行し，さらには，熱によるシリカの脱離や蒸発が起こらなかったと考えられる。

次に，ハイブリッドフィルムに含まれるシリカ複合量および熱分解開始を調べるために，フィルムの熱重量分析（TGA）測定を行い，図4と図5にそれぞれのTGA曲線を示す。図4に示すように，ハイブリッドのTGA曲線から，いずれのシリカ複合量においても380℃近傍で重量%の減少が始まっていることがわかる。その後，この減少は600℃に至るまでの広い温度範囲で大きく重量が減少し続けた。これは，ポリマー主鎖の熱分解および燃焼によるものであり，詳細は図5で述べる。

燃焼を終えた700℃以上の残存重量では，いずれのハイブリッドにおいてもシリカ複合量相応の一定値となった。高温下では，シリカの前駆体であるAPrTMOS（b.p. 204.3℃）[6)]やTEOS（b.p. 168.3℃）[7)]の加水分解反応が不十分であった場合，熱イミド化過程において揮発することが報告[13)]されているが，本調製法では，上述の通りハイブリッド化したことで，これら成分の揮発

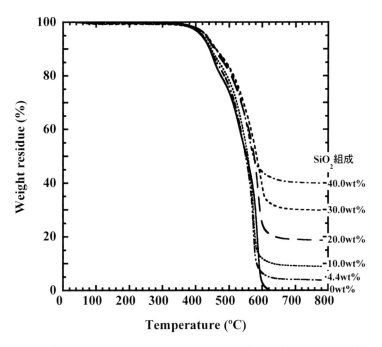

図4　PI／シリカハイブリッドのシリカ複合量の違いによるTGA曲線変化

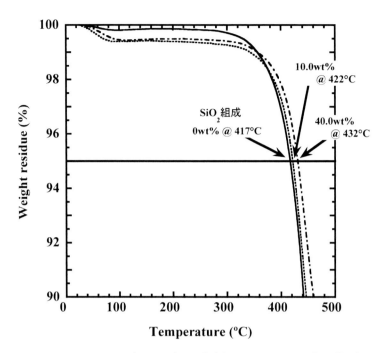

図5 PI／シリカハイブリッド（SiO₂複合量：0，10，40 wt%）の熱分解開始温度

はほとんどなく，前駆体の加水分解反応によってPAA両末端シリル基とTEOSとで重縮合反応が進み，ハイブリッド内でシリカ形成ができたものと考えられる。また，図5に，シリカを0, 10, 40 wt%複合したハイブリッドにおいて，先の重量減少が見られる380℃付近を拡大したTGA曲線を示す。詳しい解析方法については文献[14)]を参照頂きたいが，本紹介では，絶縁材料の熱安定性の短時間評価法として，TGA法による5%重量減の温度を熱分解開始温度と定義し評価を行った。測定初期のデータのばらつきが消え，比較的簡便で測定者間の差異が少なく，絶縁性長期試験との相関も良好なことからよく用いられる評価法である。図5のTGA曲線が示す通り，シリカ未複合（0 wt%）のハイブリッドでは，5%重量減少が見られる温度が417℃で，この温度はシリカ複合量とともに上昇し，40 wt%シリカが複合されると432℃と未複合時に対して約15℃も熱分解温度が上昇することになる。ポリイミドは絶縁性難燃材料として用いられているが，シリカとハイブリッド化することで，さらにポリイミドに対して耐熱性を付与することができると考えられる。これは，複合シリカがPIマトリックス中に単に分散するだけではなく，PI前駆体にシランカップリング処理することで，TMS基とシリカとが共有結合することでハイブリッド化していると思われる。

次に，ハイブリッドの動的粘弾性（DVA）測定結果を図6に示す。本紹介では，ハイブリッドの貯蔵弾性率E'および力学的エネルギーの損失，すなわち損失正接$\tan\delta$の温度依存性について検討を行った。すべてのハイブリッドの貯蔵弾性率E'挙動は，300℃付近までのガラス領域

第1章　ガラス代替樹脂開発

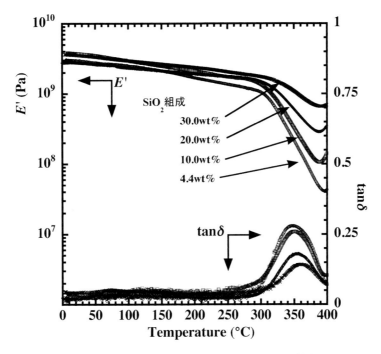

図6　PI／シリカハイブリッドフィルムのDVA挙動

と350〜400℃近傍の転移領域を経てその後わずかに上昇を見せるが，図4および図5のTGA曲線に示す通りPIマトリックスの熱分解と燃焼へと繋がっている。転移領域近傍でのE'値は，シリカ複合量の増加とともに高くなる傾向を示した。また，350℃近傍のtanδピークは，PIセグメントのミクロブラウン運動によるものであるが，シリカ複合量の増加とともにピークの高さは低くなり，ピークトップがわずかに高温側にシフトした。つまり，シリカ複合量の増加に伴って，PI両末端にあるシリカドメインサイズが大きくなり，PIセグメントのミクロブラウン運動をより強く束縛し，ハイブリッドに補強効果をもたらすことができたと考えられる。

以上の結果から，PAA両末端にシランカップリング剤を用いてTMS基を導入することで，TEOSとの加水分解反応が速やかに進行し，PIとシリカとの混和性が向上した。また，PIとシリカとが脱水重縮合反応することでハイブリッド化するが，ハイブリッド化することで熱的安定性は向上し，材料への補強効果も付与できることがわかった。

8.4.2　シランカップリング処理とハイブリッドの光学的性質

シランカップリング剤であるAPrTMOSの効果を検討するために，APrTMOSを用いず，直接合成したPAAにTEOSを複合したPI／シリカハイブリッドも作製した[15]。図7にシリカ未複合（0 wt%）および3 wt%複合したハイブリッドフィルムの紫外-可視-近赤外分光光度計（UV-VIS-NIR）測定結果を示す。0 wt%のハイブリッドでは，400〜800 nmの可視光線領域において光の透過性を示すが，シリカが3 wt%複合したハイブリッドでは，同領域において，透

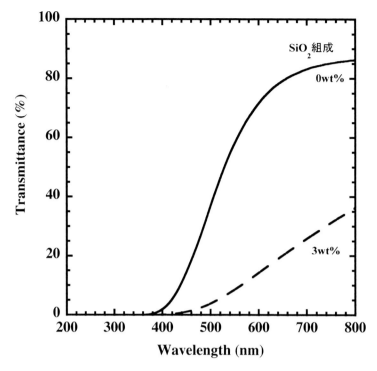

図7 PI／シリカハイブリッドフィルムのUV-VISスペクトル（APrTMOS未使用）

過率は40％以下まで低下する。シリカガラスの光学バンドギャップエネルギーは，室温（300 K）において約 8.5 eV[16] であることから，この値を通常の禁制帯に相当するバンドギャップエネルギーと見なすと波長 145 nm のエネルギーをもつ光に対して励起することになるので，この領域で透過率の低下は，複合したシリカの励起によるものではない。つまり，シリカのサイズがサブミクロンオーダーまで成長したために，可視光線領域の光の透過を妨げたためであると考えられる。このことより，PI前駆体にシランカップリング剤を用いない場合では，シリカの分散性の低下が見られ，ポリマーとシリカとがマクロ相分離していることが示された。

　次に，シランカップリング剤の導入量の違いによるハイブリッドの光学的性質に及ぼす影響を検討するために，PAAを構成するCBDAとBAPPのモル比を変えてハイブリッド化したフィルムのUV-VIS-NIR測定を行った。ここでは，1.25 の他に 1.05[4] とした時，すなわち，ハイブリッド中のTMS基の存在比率を変化させた時のUV-VIS-NIR測定を行い，それぞれ図8と9に示す。いずれのハイブリッドも，PAAを合成した後に，両末端をAPrTMOSでカップリング処理してから，TEOSを加えて複合した。図8に示すCBDA／BAPP＝1.05とした時のUV-VIS-NIR曲線から，約600～1400 nm における可視光線から近赤外線に及ぶ領域において，シリカ未複合（0 wt％）と5.9 wt％では，透過率が約80％と光学材料としての一定の水準を保つが，シリカ複合量が多くなると可視光線領域での透過率の低下が始まり，シリカを21.1 wt％まで複

第1章　ガラス代替樹脂開発

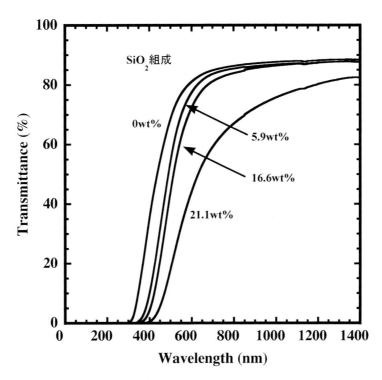

図8　PI／シリカハイブリッドフィルムの UV-VIS-NIR スペクトル
（CBDA/BAPP＝1.05）

合した場合では近赤外線領域でも透過率が低下した。これ対して，図9のモル比を1.25とした ハイブリッドでは，可視光線領域における透過率は，シリカ複合量の増加に伴い1.05の場合と 同様に減少する傾向が見られるが，700 nm から近赤外線領域では，40 wt% もシリカを複合して も80％以上の透過率を保っていた。

この差異は，CBDA と BAPP のモル比が1.05から1.25になったことで，PAA の繰り返し単 位が理論的には1/5程度となり，相対的に単位体積あたりの PI 鎖末端数，すなわち TMS 基の 数が増え，複合するシリカとの結合部位が約5倍まで増加することになる。この結果，PI 末端 とシリカとの結合の機会が増え，後述の X 線小角散乱（SAXS）測定でも述べるが，シランカッ プリング剤の効果によって，PI 末端のシリカドメインサイズがナノメートルオーダーで微分散 化されるために同領域での光の透過が妨げられなかったと考えられる。

次に，ハイブリッドフィルムの屈折率測定の結果を図10に示す。本法で調製した PI の屈折率 n_D は約1.62であったが，これに PI に対して屈折率の低いシリカ（$n_D=1.45$[17]）を複合するため， 複合量に応じてハイブリッドの屈折率が低下することがわかった。

以上の結果から，シランカップリング処理を併用しないハイブリッドでは，シリカ間での2次 凝集が進み，サブミクロンオーダーまでドメインサイズは成長し透明性は失われる。また，シ ランカップリング剤を導入した場合でも，導入量が少ない場合だと，シリカの微分散化が進まず，

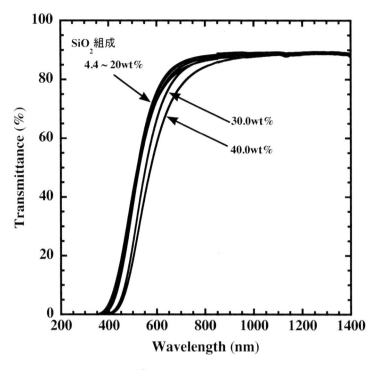

図9 PI／シリカハイブリッドフィルムのUV-VIS-NIRスペクトル（CBDA/BAPP＝1.25）

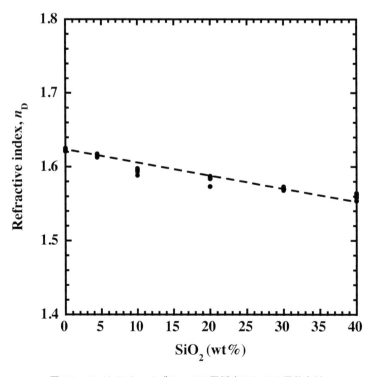

図10 PI／シリカハイブリッドの屈折率のシリカ量依存性

第1章 ガラス代替樹脂開発

PI末端にできるシリカドメインサイズが大きくなり，少量のシリカでも透明性は失われようになる。したがって，適量のシランカップリング処理をすることで，シリカの分散性を良くし，ドメインサイズもナノメートルオーダーと微小にコントロールすることで，可視光線から近赤外線領域での透明性が維持されるものと考えられる。

8.4.3 シランカップリング処理によるシリカの微分散化

はじめに，図11にハイブリッドフィルムのX線広角回折（WAXS）測定の結果を示す。すべてのハイブリッドフィルムのWAXSパターンでは，回折角 $\theta = 18°$ 付近にブロードなピークのみが観測され，結晶性のシリカに基づくような鋭い回折ピークは観測されなかった。また，シリカ複合量の増加に伴って，同ピークの高さが減少し，半値幅が広くなる傾向を示した。このことは，PIのラメラ構造が拡げられたか，もしくはハイブリッド中の非晶部の割合が増加したことを意味する。

シリカ複合量を変化させた時のハイブリッドフィルムのX線小角散乱（SAXS）測定の結果を図12に示す。シリカ複合量に関係なくいずれのハイブリッドにおいても $q = 2.6\ \mathrm{nm}^{-1}$ 付近にブロードな干渉ピークが出現した。これは，PIマトリックスの分子構造に由来する周期的なピークと考えられ，シリカ複合量4.4 wt%の時が最も明瞭に観測される。これにシリカを複合させる

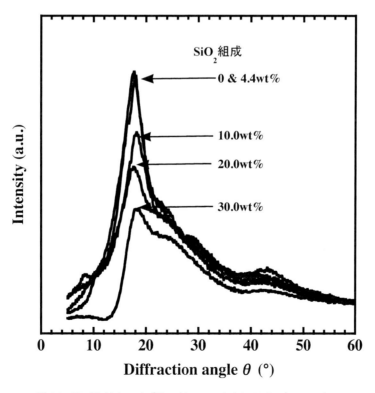

図11 PI／シリカハイブリッドフィルムのWAXSプロファイル

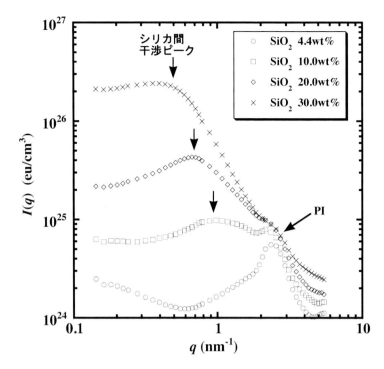

図12 PI／シリカハイブリッドフィルムのSAXSプロファイル

と，PIの周期的な構造が崩れ，ランダムになるために不明瞭なショルダーピークに変化していく。

次に，シリカ量が4.4 wt%以外のハイブリッドでは，$q = 0.4〜0.9$ nm^{-1}付近にブロードな干渉ピークが検出される。これは，PIとシリカとがハイブリッド化したために，PI末端で形成されるシリカドメイン間の干渉に由来するピークであると考えられる。シリカ複合量が4.4 wt%のハイブリッドでは，PIとシリカとの電子密度差がほとんどないために干渉ピークは検出できなかったが，シリカを複合することで，散乱強度は高くなり，ピークもq値が小さい方へとシフトしたことから，PI分子鎖長を一定とした場合，シリカ複合量が増加することにより，シリカドメインサイズが大きくなることを示している。つまり，Braggスペーシング（$R_d = 2\pi/q$）により近似的にドメイン干渉間距離R_dを算出すると，R_d値は，シリカ複合量10，20，30 wt%の順に6.5，8.8，15.3 nmとなり，シリカ複合量に伴って，ドメインサイズが大きくなることが示唆されるが，いずれの場合においても，複合シリカはすべてナノメートルオーダーに保たれ，そのサイズはシリカ量で制御できることがわかった。

以上の結果から，複合シリカは，ハイブリッド中ではアモルファス状態ではあることがわかった。また，シリカ複合量の増加に伴い，形成されるシリカドメインサイズは大きくなること，そして，複合量を調整することでドメインサイズが制御できることが示唆された。このことより，シリカがシランカップリング剤によってナノ分散化され，ハイブリッドの可視光線から近赤外線領域での透明性の維持に繋がったものと考えられる。

第1章　ガラス代替樹脂開発

8.5　おわりに

シランカップリング剤を併用し作製したPI／シリカハイブリッドの特性として①〜④の項目が明らかとなった。

① シリカ複合量が約40 wt％程度までであれば可視光線から近赤外線領域までの広い範囲で高い透過率を示すことがわかった。

② ハイブリッドフィルムの屈折率は，PIに対して低い屈折率となるシリカが複合されるためにシリカ複合量に応じて低下することがわかった。

③ シリカ複合量の増加に伴い，PIセグメントのミクロブラウン運動が束縛され，ハイブリッドに補強効果を付与することができ，また，PIの熱的安定性も向上した。

④ ハイブリッドフィルム中のシリカは，シランカップリング剤によってナノ分散化され，シリカ複合量に応じて，ドメインサイズが制御できることがわかった。

以上の結果から，シランカップリング剤を効果的に用いることで，PIとシリカの混和性が格段に改善され，シリカがナノメートルサイズで分散したハイブリッドが得られることがわかった。また，PIのTMS基とシリカとが化学結合するために材料に補強効果をもたらし，熱的安定性と耐熱性の獲得に繋がり，併せて透明性に優れたハイブリッドフィルムが作製できることがわかった。

末筆ながら，本研究を遂行するにあたり試料提供頂いた日産化学工業㈱袋裕善氏，測定装置でご協力頂いた日本大学理工学研究所材料創造研究センター，並びに山城良太氏をはじめとする卒業生各位に改めて謝意を申し上げる。なお，本書は，㈱ジャパンマーケティングサーベイ主催の技術セミナー『先端ポリイミド材の開発動向　ゾル–ゲル法によるポリイミド／シリカハイブリッド材料の開発について』（平成30年7月開催，東京都中央区）での講演録を加筆修正したものである。また，本書と併せて拙著[1〜3,11]についてもご覧頂けると大変幸甚である。

文　　献

1) 江端涼平編，“熱・光・水・汚れ・傷”による透明樹脂の劣化・変色対策とその評価，56-69，技術情報協会（2012）

2) 村田貴士編，透明樹脂・フィルムへの機能性付与と応用技術，85-95，技術情報協会（2014）

3) 寺田千春編，透明性を損なわないフィルム・コーティング剤への機能性付与，72-83，技術情報協会（2012）

4) 山城良太，星哲史，伊掛浩輝，清水繁，室賀嘉夫，栗田公夫，*Polym. Prepr. Jpn.*, **58**（1），1132（2009）

5) 山城良太，栗原翔，伊掛浩輝，清水繁，室賀嘉夫，栗田公夫，*Polym. Prepr. Jpn.*, **58**（2），3407（2009）

6) Calculated using Advanced Chemistry Development (ACD/Labs) Software V11.02 (ⓒ1994-2014 ACD/Labs).

7) M. G. Voronkov, *Zh. Obs. Kh.*, **29**, 907-915 (1959)

8) O. Glatter, *J. Appl. Crystallogr.*, **7**, 147-153 (1974)

9) H. Stabinger, O. Kratky, *Makromol. Chem.*, **179**, 1655-1659 (1978)

10) H. T. Kim, J. K. Park, *Polym. J.*, **29** (12), 1002-1006 (1997)

11) 戸高宗一郎編, IR分析テクニック事例集, 426-429, 技術情報協会 (2013)

12) D. G. Kurth, T. Bein, *Langmuir*, **11**, 578-584 (1995)

13) M. Nandi, J. A. Conklin, L. Salvati, A. Sen, *Chem. Mater.*, **3**, 201-206 (1991)

14) 神戸博太郎, 小澤丈夫編, 新版熱分解, 194-207, 講談社 (1992)

15) 山城良太, 伊掛浩輝, 清水繁, 栗田公夫, *Polym. Prepr. Jpn.*, **57** (1), 688 (2008)

16) K. Saito, A. J. Ikushima, *Phys. Rev. B*, **62** (13), 8584-8587 (2000)

17) A. Moroz, *Phys. Rev. B*, **66** (11), 115109/1-115109/15 (2002)

9 ZnO ナノ粒子による樹脂窓材料の赤外線，紫外線遮蔽性向上について

山本泰生[*]

9.1 はじめに

2017年度の酸化亜鉛（ZnO）粉末の国内生産量は約6万トンであるが[1]，その大部分が品質的には JIS K1410 に規定された規格品となっている[2]。ZnO 全体の約6割がゴムの加硫促進助剤として使用される。その他に，電子・電気部品，ガラス，陶磁器，顔料，塗料，化粧品，飼料など，多岐に亘って使用されている安全・安心な材料である。

一般の ZnO 粉末の粒子径は，もともと白色顔料として製造されたことより，可視光（Vis）のミー散乱をほぼ最大にする大きさ（約 0.3～0.4 μm）となっている。現在では主要な白色顔料としては隠蔽力の大きい酸化チタンが用いられている。これに対して酸化亜鉛は粒子径 0.1 μm 以下にナノ粒子化することによって透明性を得やすくなる。

また，ZnO はワイドギャップ半導体のひとつであり，バンドギャップ 3.2 eV が波長 387 nm の紫外線（UV）に相当することから，一般に ZnO は紫外線を幅広く吸収する能力を持っている。一般の ZnO は導電性を持たないが，アルミニウム（Al）やガリウム（Ga）などの3価金属元素をドープすることにより，n 型の導電性を付与することができる。導電性を持つ n 型半導体はキャリア電子のプラズマ振動により近赤外（NIR）領域の赤外線を吸収・反射する性質を持つようになる[3,4]。従って，導電性 ZnO は紫外線・赤外線を遮蔽する能力を持つ。

更に，導電性 ZnO をナノ粒子化すれば，可視光に透明性を持ちながら，紫外線・赤外線を遮蔽する能力を併せ持つようになる。本稿では，導電性 ZnO ナノ粒子の分散・塗布によって得られた塗布膜の分光特性と併せて，物理成膜法のひとつであるプラズマ蒸着によって得られる膜の特性についても紹介する。

9.2 導電性酸化亜鉛

9.2.1 粉末の特徴

表1に市販の導電性 ZnO 粉末の主な物性値を示す[5]。ドーパントは Al または Ga である。比表面積から換算された粒子径（1次粒子径）はサブミクロンあるいは数十ナノメートルであるが，凝集粒子となっているため，レーザー回折式粒度分布計で測定した体積平均径は数ミクロンとなっている。

透明性を必要とする用途には凝集粒子をほぐして分散させる技術が重要となる。表1の「パゼット GK」の分散前後の TEM（写真1）と粒度分布（図1）を示した。分散前の体積平均径は 3.5 μm であるが，分散後では 50 nm 程度に分散されていることが分かる。分散媒として水，IPA 並びに MEK を用いた「パゼット GK 分散体」が市販されている[5]。

---

* Taisei Yamamoto　ハクスイテック㈱　コーポレート・クリエイチャー事業部　フェロー

表1 導電性ZnO粉末の物性値

品名		23-K	Pazet CK	Pazet GK
組成		Alドープ ZnO	Alドープ ZnO	Gaドープ ZnO
比表面積	m^2/g	4～10	30～50	30～50
一次粒子径 (＊1)	nm	120～250	20～40	20～40
体積平均径 (＊2)	μm	4～7	2～5	2～5
抵抗率 (＊3)	$\Omega \cdot cm$	100～500	5k～20k	20～100

(＊1) BET比表面積からの換算粒子径
(＊2) レーザー回折式粒度分布の累積50％径
(＊3) 圧力10MPaで圧縮された粉体の抵抗率

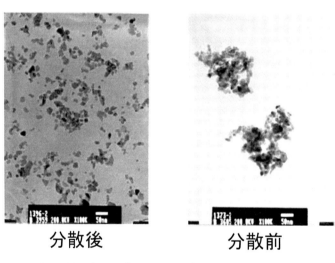

写真1 導電性ZnO「パゼットGK」の分散前後のTEM写真

9.2.2 粉末の分光反射率

　一般の酸化亜鉛粉末は白色であるのに対して，導電性酸化亜鉛粉末は淡緑青色を帯びている。これらの粉末の分光反射率を図2に示した。波長400 nm以下の紫外（UV）部での反射率の低下は，ZnOの半導体としてのバンド間遷移に伴うUV吸収によるものである。可視部では全般的に反射率が高く，白色系であることを示している。近赤外領域の反射率の低下は，導電性酸化物（キャリア密度$\geq 10^{20}$/cc）に共通に見られる特徴であり，キャリア電子のプラズマ吸収によるものである[4]。導電性の高いものほど短波長側で近赤外反射率の低下が見られる。

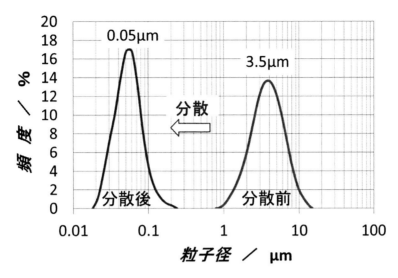

図1　導電性ZnO「パゼットGK」の分散前後の粒度分布

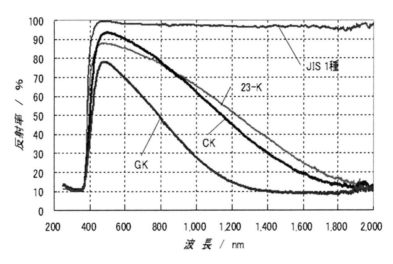

図2　導電性ZnO粉末の分光反射率の波長依存性

9.3　塗布膜の分光透過率・反射率・吸収率

「パゼットGK」の水分散体を用いてPETフィルム（厚さ100μm）上に塗布膜を形成（ウェット製膜）して分光透過率（T）並びに反射率（R）を測定すると図3のようになる。UV吸収による透過率の低下が見られるのに対して，可視領域では高い透過率を示す。NIR透過率の低下は粉末の場合と同じく，キャリア電子のプラズマ吸収による。膜厚が増大するとNIR遮蔽効果は大きくなっている。これらの塗布膜の反射率は測定の全波長領域に亘って5〜10％の低いレベルにあるので，UVとNIRにおける透過率の低下は吸収によるものであると言える。入射光の強

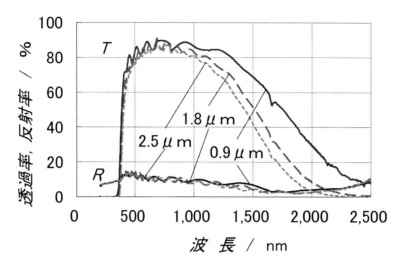

図3 パゼットGK塗布膜の分光透過率（T）・反射率（R）の波長・膜厚依存性

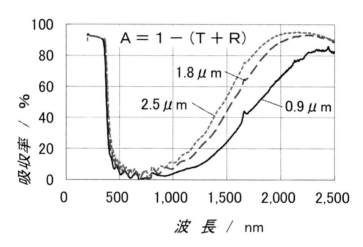

図4 パゼットGK塗布膜の分光吸収率（A）の波長・膜厚依存性

さを1として，吸収率（A）を求めると，A＝1－（T＋R）より吸収率は図4のようになる。可視領域で吸収率が低いのに対して，紫外領域と近赤外領域では吸収率が高く，紫外線並びに赤外線の遮蔽性能が見られる。

これらの塗布膜についてJIS A 5759-2008「建築窓ガラス用フィルム」の日射調整フィルムにおける遮蔽係数を見積もると[6]，図5のようになる。図5より膜厚2.6μm以上とすると遮蔽係数0.85以下となるので，区分Cに適応することが分かる。

9.4 蒸着膜の分光透過率・反射率・吸収率

ドライ製膜法としてスパッタのほかにイオンプレーティングと呼ばれる方法がある。ここでは

第1章　ガラス代替樹脂開発

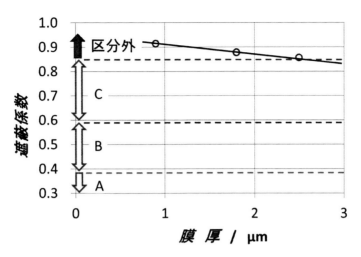

図5　GZO塗布膜の遮蔽係数

表2　RPD製膜したGZO膜の電気特性（Ga$_2$O$_3$添加量3 wt%）

膜厚 nm	表面抵抗 Ω/□	体積抵抗率 Ω・cm	キャリア濃度 個/cc	移動度 cm^2/s
50	89.5	4.3×10^{-4}	7.7×10^{20}	20
100	31.2	3.1×10^{-4}	8.3×10^{20}	22
150	18.7	2.8×10^{-4}	8.7×10^{20}	24
300	7.9	2.3×10^{-4}	9.4×10^{20}	27
500	4.3	2.2×10^{-4}	1.0×10^{21}	30

　イオンプレーティング法の中でも反応性プラズマ蒸着法（Reactive Plasma Deposition：RPD）と呼ばれる方法で[7]，ZnO系タブレットSKY-Zを蒸着源としてガラス基板上に製膜されたGZO（ガリウムドープ酸化亜鉛）膜の例を紹介しよう[4]。酸化ガリウム添加量は3 wt％，製膜温度は200℃とした。得られた膜の電気特性を表2に示した。図6にその分光透過率（T），図7に反射率（R），図8にこれらから求めた吸収率（A）の波長・膜厚依存性を示した。ここで，A＝1－（T＋R）とした。可視光の透過率が高く，UV吸収が見られるほか，特徴的なのはIR領域で反射が増大することである。これは金属に見られるドルーデ鏡（キャリア電子によるプラズマ反射）と同じことがGZO膜で起こっていることを示している[8,9]。

　これらのRPD膜についてJIS A 5759-2008「建築窓ガラス用フィルム」の日射調整フィルムにおける遮蔽係数を見積もると，図9のようになる。膜厚200 nm以上のとき遮蔽係数0.85以下となり，区分Cに適応するが，可視光透過率は80％を超えているので，明るい膜になることが分かる。

　図7，8では反射と併せて吸収も相当量見られる。吸収と反射を支配しているのはキャリア電子の緩和過程であると考えられる。キャリア電子の散乱機構はイオン化不純物散乱によるものと

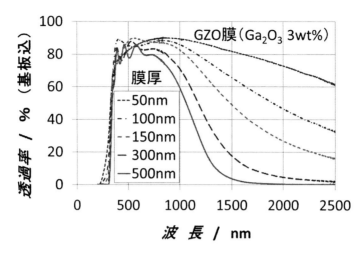

図6　RPD 製膜された GZO 膜の分光透過率：波長・膜厚依存性

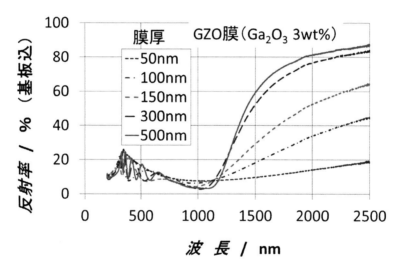

図7　RPD 製膜された GZO 膜の分光反射率：膜厚依存性

考えられているが[10]，詳細はなお検討されている。その描像が明らかにされることが望まれる。また，透明導電膜に限らず高品質 ZnO 膜の作製と評価に対して，吸収と反射の制御が役立つものと期待される。

9.5　今後の課題と展望

　酸化物透明導電体として ITO や ATO の代替材料への期待があり，スパッタやイオンプレーティングなどの物理成膜では酸化亜鉛透明導電膜は比肩する特性を示すのに対して，粉末を応用する塗布膜では今一歩の改良が求められる。課題として，更なる低抵抗化，耐湿熱性の向上，光

第1章　ガラス代替樹脂開発

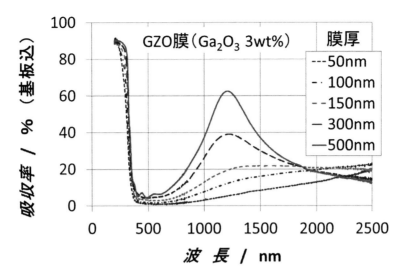

図8　RPD製膜されたGZO膜の分光吸収率：膜厚依存性

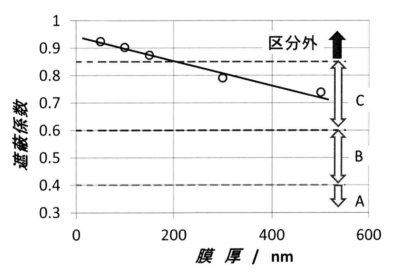

図9　RPD製膜されたGZO膜の遮蔽係数

触媒活性の抑制などが挙げられる。

　また，透明導電膜向け酸化亜鉛系の競合材料である酸化インジウム系に関しては，安全性に問題があることが確認された。これに伴い労働安全衛生施行令及び労働安全衛生施行規則などの一部が改正され，平成25年1月1日施行によりインジウム化合物は特定化学物質としての管理が必要とされる。今後，安全・安心な材料としての酸化亜鉛系への期待が高まるものと予想される。

文　　献

1) 日本無機薬品協会，統計資料（2017）
2) 日本規格協会，酸化亜鉛　JIS K1410-1995
3) 山本泰生，顔料，**46**，2881（2002）
4) 山本泰生，機能性顔料の開発と応用，p.39，シーエムシー出版（2016）
5) ハクスイテック㈱，ホームページ，http://www.hakusui.co.jp
6) 日本規格協会，建築窓ガラス用フィルム　JIS A 5759-2008
7) 山本哲也，酸化亜鉛の最先端技術と将来，p.108，シーエムシー出版（2011）
8) J. M. Ziman, "Principles of the Theory of Solids", 2nd ed., p.280, Cambridge University Press（1972）
9) 日本学術振興会，透明酸化物光・電子材料第166委員会編，透明導電膜の技術，p.133，オーム社（1999）
10) 南内嗣，透明導電膜の新展開，p.139，シーエムシー出版（2012）

第2章　ハードコート技術

1　ハードコートのレーザー誘起光化学表面改質による耐摩耗性の付与とガラス代替窓材への応用

大越昌幸[*1]，野尻秀智[*2]

1.1　はじめに

　2020年以降の地球温暖化対策の国際的枠組みを定めたパリ協定では，世界の平均気温の上昇を産業革命前の2℃未満に抑え，21世紀後半には温室効果ガスの正味の排出量をゼロにすることを目標としている。温室効果ガスの中で，二酸化炭素（CO_2）は地球温暖化に及ぼす影響が極めて大きいとされている。またCO_2は，温暖化のみならず，海水への溶解による海洋酸性化も引き起こす。したがって，CO_2の回収・貯留（Carbon dioxide Capture and Storage; CCS）技術やCO_2の直接利用技術の開発，日本海域のブルーカーボンの適正な評価，そして何よりもCO_2排出量の削減は急務である。国内のCO_2排出量の約18%は車両（運輸部門）からのものであり，最近の自動車の急速な電動化は必要不可欠な潮流である。勿論，発電，鉄鋼部門でのCO_2排出量の削減も重要となる。

　自動車の電動化において，車体の軽量化は，その航続距離を長くするためにも必要である。また車体とともに，窓の軽量化も有効である。自動車用ガラス代替窓材として，ポリカーボネート（Polycarbonate; PC）が有用であるが，実用化においてその表面の耐摩耗性が問題となる。そのため，一般にハードコートと呼ばれる表面処理を施さなければ，PCを窓材として利用することはできない。現在，PCの耐摩耗性を向上させるために，シリコーン（$[SiO(CH_3)_2]_n$）系樹脂を，アクリルプライマーなどを介してコーティングすることが行われている。このようなハードコート処理を施したPCは，現在すでに自動車のクォーター窓などに実用化されている。しかし，ハードコート処理されたPCでも，より耐摩耗性が求められる自動車のサイドやリア窓などには現状では利用されていない。したがって，より高い耐摩耗性を有するPCの開発が強く要請されている。

　本節では，高い耐摩耗性を有するPC開発の一手法として，波長157 nmのフッ素（F_2）レーザーによって誘起される光化学反応により，PC上に施されたシリコーン系ハードコートをシリカガラス（SiO_2）化し，ガラス窓材に匹敵する高い耐摩耗性を有するPCを開発する方法を紹介する。また，本手法により開発された試作品は，欧州ECE認証Lクラスが得られていること，さらにはこの技術を量産車へ適用するにあたり，SiO_2改質層の内部応力の低減，ならびに耐熱

＊1　Masayuki Okoshi　防衛大学校　電気情報学群　電気電子工学科　教授

＊2　Hidetoshi Nojiri　㈱レニアス　開発設計 Group　Chief Engineer

性（屋外使用のための高温耐性）を解決する手法を見出したことについて述べる。

1.2 光化学表面改質の原理

これまで著者らは，波長157 nmのF$_2$レーザーを用いて，シリコーンにおいて，新規光化学表面改質法を実証してきた[1〜3]。これは，N$_2$/O$_2$ガス中で，シリコーンにF$_2$レーザーを照射すると，露光部分のみが光化学的に炭素混入のないSiO$_2$に改質されるものである（図1）。F$_2$レーザーの高い光子エネルギー（7.9 eV）は，シリコーンの主鎖（Si-O結合）を光開裂させ低分子量化を誘起する。それと同時に，シリコーンの側鎖（Si-CH$_3$結合）も光開裂させ，かつ雰囲気酸素分子ならびにシリコーン中に溶解している酸素分子を光分解する。この際生成した励起状態の酸素原子（O(^{1}D））が，F$_2$レーザー照射されたシリコーン部分を効率良くSiO$_2$化する。このような光化学反応は，波長が若干長波長化したArFエキシマレーザー（193 nm）では全く起こらない。

本表面改質を化学反応式で整理してみると，次のように表すことができる。

$$(SiO(CH_3)_2)_n + h\nu(157\,nm) \rightarrow (SiO(CH_3)_2)_{n-m} + (SiO(CH_3)_2)_m$$

$$(SiO(CH_3)_2)_{n-m} + (SiO(CH_3)_2)_m + h\nu(157\,nm) \rightarrow (SiO)_{n-m} + (SiO)_m + 2n(CH_3)$$

$$O_2 + h\nu(157\,nm) \rightarrow O(^1D) + O(^3P)$$

$$(SiO)_{n-m} + (SiO)_m + nO(^1D) \rightarrow nSiO_2$$

表面改質の波長選択性，すなわちF$_2$レーザーを用いる必要性は，特に上式3つめの部分であり，F$_2$レーザー照射により，雰囲気中およびシリコーン内部に含まれている酸素分子から活性

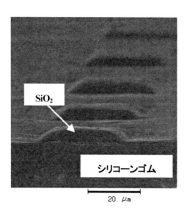

図1　F$_2$レーザー（波長157 nm）を用いたシリコーンゴム表面のSiO$_2$への光化学改質
（30 μm角の隆起部がSiO$_2$に改質されている）

第 2 章 ハードコート技術

酸素（O(^{1}D)）を生成できるため，効率良く SiO$_2$ への改質に至るものと考えられる。この結果を基に，これまで，SiO$_2$ 光導波路や SiO$_2$ マイクロレンズなどの光学素子をシリコーンゴム上に直接形成し，フレキシブル光デバイスに利用するための基礎的成果を得ている[4〜6]。SiO$_2$ 光導波路の形成においては，光通信波長 1.55 μm 光に対して，縦約 9 μm，横約 8 μm 径の対称性の高い円形光導波路モードが得られた。その光伝送損失は低く，1.5 dB/cm 以下であった。

1.3 シリコーンハードコートの光化学表面改質と PC 窓材への応用

厚さ 3 mm の PC 板上に，厚さ 4 μm のアクリルプライマーをコーティングした後，シリコーンハードコートを膜厚 3.7〜10 μm の範囲にてコーティングした。その後，F$_2$ レーザーを 10×10 mm^2 の照射面積で試料表面に照射した。そのときのレーザーの単一パルスのエネルギー密度（フルエンス）は 14 mJ/cm^2，パルス繰り返し周波数 10 Hz，照射時間 15〜160 s とした。

図 2 は，F$_2$ レーザーが照射された試料表面の赤外分光分析（Fourier Transform Infrared spectroscopy; FT-IR）スペクトルを示している。測定は全反射減衰（Attenuated Total Reflection; ATR）法により行った。ハードコートの膜厚は 3.7 μm とした。レーザー未照射の試料には，1240 および 1400 cm^{-1} に Si-CH$_3$ 結合のピークが，2900 cm^{-1} に CH$_3$ 結合のピークが認められた。また，1016 および 1082 cm^{-1} にシロキサン結合を示す 2 つの Si-O-Si 結合が見られた。一方，F$_2$ レーザーを 15 s 照射すると，Si-CH$_3$ および CH$_3$ 結合のピークは減少し，Si-O-Si 結合のピーク形状が変化してくることがわかった。そして 30 s のレーザー照射により，Si-CH$_3$ および CH$_3$ 結合のピークはほとんど認められなくなり，また Si-O-Si 結合のピーク形状も 1 つとなって，参照試料としてのシリカガラス（SiO$_2$）板とほぼ同じスペクトルが得られた。し

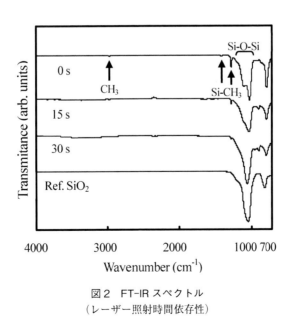

図 2　FT-IR スペクトル
（レーザー照射時間依存性）

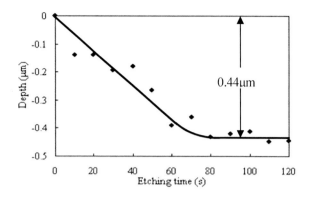

図3　フッ酸エッチングによるSiO₂改質層の膜厚測定

図4　テーバー摩耗試験機

がって，F₂レーザー照射によって，PC上のシリコーンハードコートをSiO₂に改質できることが明らかとなった。

次に，シリコーンハードコート表面に形成したSiO₂改質層の膜厚を調べるために，フッ酸を用いた化学エッチングと触針式表面段差計との組み合わせによる測定を行った。F₂レーザーの照射時間を30 sとし，改質試料を1 wt.%のフッ酸に10～120 sまで浸漬して，そのときの表面段差から改質層の膜厚を測定した。その結果を図3に示す。フッ酸への浸漬時間を長くしていくと，化学エッチングは進行し，80 s以上でエッチング深さが一定となった。このことから，SiO₂改質膜の膜厚は，約0.44 μmであることが判明した（図3）。

F₂レーザーの照射時間が30 sで改質された試料の耐摩耗性を調べるために，テーバー摩耗試験を行った（図4）。摩耗試験機は，回転速度60回／分のテーブルと，65±3 mmの間隔で固定された一対の摩耗輪から構成された。各摩耗輪の試料にかかる荷重は4.90 N一定とした。摩耗輪は研磨材を練り込んだ直径45～50 mm，厚さ12.5 mmのゴム製であり，テーバー形のCS-10Fである。回転テーブルの回転数は500回転とした。試料に対し500回転の摩耗を施す前と後に，ヘイズ値（曇り度，Hz）を測定し，その差ΔHzを以って耐摩耗性を評価した。すなわち，

第2章　ハードコート技術

⊿Hz の値が小さいほど，耐摩耗性が高いことを示す。図5にテーバー摩耗試験の結果を示す。PC 板のみの場合（図5 (a)），摩耗輪の跡がはっきりと見えるときの⊿Hz の値は46％であった。一方，シリコーンハードコートが施された PC では，図5 (b) のように，摩耗輪の跡が薄くなっていることがわかる。このときの⊿Hz の値は3.5％であった。そして F_2 レーザーを照射すると，摩耗輪の跡はさらに薄くなって，⊿Hz の値は1.9％まで低くなることがわかった（図5 (c)）。このように，F_2 レーザーによるシリコーンハードコートの SiO_2 への改質により，PC に高い耐摩耗性を発現させることができた。

上記のように，シリコーンハードコートの耐摩耗性（⊿Hz）が，F_2 レーザー照射により1.9％

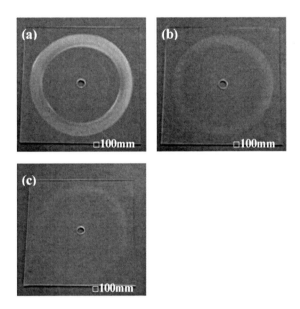

図5　テーバー摩耗試験結果

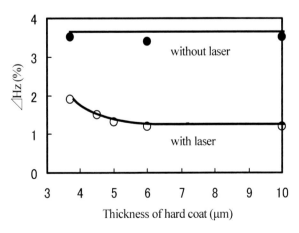

図6　⊿Hz 値のハードコート膜厚依存性

図7 F₂レーザー誘起光化学表面改質法を基に開発した次世代型自動車用ポリカーボネート窓材の欧州認証と実用例

まで低くなることを示した。しかし，現状のガラス窓材のΔHz値は，同テーバー摩耗試験で測定をすると0.9%であった。したがって，より耐摩耗性を向上させ，ガラスに匹敵するPCを開発する必要がある。そこで，SiO₂改質層の膜厚は0.44μm一定として，その下のハードコートの膜厚を10μmまで増加させたときのΔHz値を測定した。その結果を図6に示す。レーザー未照射のときには，ハードコート膜厚を10μmまで増加させてもΔHz値に変化は見られなかった。一方，0.44μm厚のSiO₂改質層を有する場合，ハードコートの膜厚を増加させると，ΔHz値は低下することがわかった。そして10μmの膜厚のとき，ΔHzの値は1.2%まで低下し，ガラス窓材に匹敵する耐摩耗性を得ることができた。この試作品は，欧州ECE認証 No.43「安全ガラス材および車両への取り付けの認可に関する統一規定」のLクラスを取得し，EV試作車のフロントサイドとリアゲートウィンドウに提供された（図7）。

1.4 SiO₂改質層の内部応力の低減と耐熱性の付与[7〜10]

本技術を量産車へ適用するにあたり，①SiO₂改質層の内部応力の低減，②耐熱性（屋外使用のための高温耐性）が課題として挙げられた。すなわち，SiO₂改質層の厚みが増した場合でもクラックが生じにくいハードコートシステムとするために，改質層中の内部応力の低減が必要である。また，グローバルで使用される量産車の耐熱性に対する要求は益々高くなり，従来の自動車部材に必要な温度範囲−35〜80℃を超えるスペックが自動車メーカーの社内基準として設定されていることを鑑みれば，100℃を超える耐熱性が必要となることは容易に想定される。

そこで，まずSiO₂改質層の内部応力の低減に関する実験を行った。図8に実験方法を示す。PC基板上にアクリルプライマーおよびシリコーン樹脂を塗布し，それぞれ125℃ 60 min，120℃ 60 minの熱硬化を行った。硬化後の膜厚は各4μmであった。次に，ビームサイズを10×10 mm²に成形したF₂レーザーを，メッシュマスクを介して照射した。1パルス当たりのレーザーフルエンスは4，7および14 mJ/cm²，パルス繰り返し周波数は10 Hz，照射時間は15〜200 sの間で変化させた。比較のため，メッシュマスクを使用しない条件についても行った。

図9にレーザー照射後の試料表面の光学顕微鏡写真を示す。図9（a）に示すように，メッシュ

第 2 章　ハードコート技術

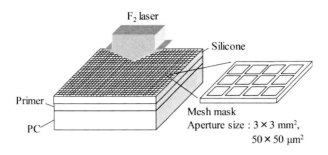

図 8　実験方法

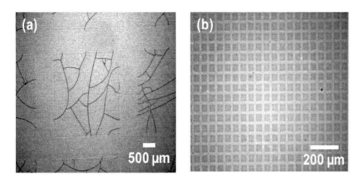

図 9　90 s 照射後の改質表面の光学顕微鏡写真
(a) 3×3 mm², (b) 50×50 μm²

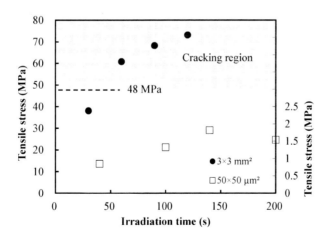

図 10　SiO₂ 改質層に生ずる引張応力

の開口サイズが 3×3 mm² の場合はレーザー照射領域にクラックが認められたが，図 9 (b) の 50 ×50 μm² の場合はクラックが発生しなかった。すなわち，レーザーの照射領域を分割することによりクラックを抑制できることが明らかとなった。ここで，SiO₂ 改質層に生ずる応力を計算

した。その結果，図10に示すように，メッシュの開口サイズが小さい場合，SiO_2改質層に生ずる引張応力が小さくできることがわかった。また，SiO_2の引張強度48 MPaを超えたときにクラックが生ずることも明らかとなった。この結果および過去の報告より，開口サイズが2×2 mm^2以下のマスクを使用すれば，クラックフリーのSiO_2改質膜が得られると推察された。

メッシュマスクを使用しF_2レーザー照射により作製した試料の耐熱性試験を行った。図11にレーザー照射時間が30 sおよび90 sの試料に対し，100℃および120℃ 3 hの耐熱性試験を行った後の試料表面の光学顕微鏡写真を示す。すべての試料にクラックが認められた。加熱温度が100℃よりも120℃のほうがクラックの密度が高く，またレーザー照射時間が30 s（改質層厚620 nm）よりも90 s（1040 nm）のほうが，クラックの発生が顕著であった。ここで，レーザー顕微鏡により試料表面の起伏を測定したところ，クラックを頂点とする隆起が観察された。図12にクラック発生のメカニズムをまとめる。シリコーン樹脂がSiO_2に改質する際に，シロキサン結合の側鎖として結合していた有機官能基が解離し系外に排出されるため，体積収縮が生ずる。このとき改質層は，図12（a）に示すようにU字状に湾曲し，その結果，SiO_2とシリコーンの界面に大きな引張応力が生ずる。しかし，実際には図12（b）に示すように，SiO_2層はシリコーン樹脂やPC基材の剛性により平面に矯正されるため，SiO_2層の最表面には，極めて大きな引張応力が発生することになる。このとき，表面にわずかな荷重やスクラッチ，あるいは基板の熱膨張などが加わると，図12（c）に示すように，表面にマイクロクラックが生ずるようになる。マイクロクラックは，深さ方向に成長し，改質層を貫き応力が解放される（図12（d））と，クラックを頂点とする隆起が生ずるものと考えられる。

耐熱性試験時に発生するクラックを抑制するためには，図12（b）に示したような最表面に生ずる引張応力を低減する何らかの機械的な処理を行うのがよいと考えた。そこで，なるべく簡便

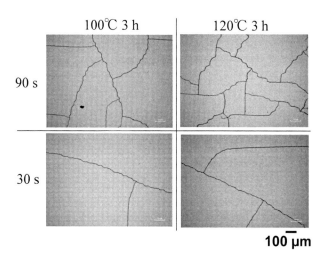

図11　耐熱試験後の試料表面の光学顕微鏡写真
（レーザー照射時間 vs 加熱温度）

第2章 ハードコート技術

な方法として，レーザー照射の後にスチールウールによる表面ラビング処理を行った。

図13に，ラビング処理を行った後に，120℃ 3 h の耐熱性試験を行った場合の光学顕微鏡写真を示す。図13 (a) は，ラビング処理を行わずに耐熱性試験を行った結果である。これに対し図13 (b) に示すように，1 N/cm^2 の荷重で300往復のラビング処理を行った試料においては，クラックが完全に抑制された。ラビング処理により，SiO$_2$ 改質層の表面には最大高さ（R$_{max}$）約50 nm の溝が形成された。この溝が表面の応力を低減するよう作用したと考えられる。また，ラビング処理による SiO$_2$ 改質層の厚み減少は認められなかった。また，⊿Hz は 0.13％ でありラビング処理前の 0.12％ とほとんど変わらず，光学特性の劣化は認められなかった。さらに，メッシュマスクを使用しない場合のラビング処理効果についても認められたが，メッシュマスクを使用した場合に比べクラック耐性は若干低下した。F$_2$ レーザーの照射時間が 30 s の場合はクラックの抑制が可能であったが，90 s においてはクラックが抑制できなかった。表1にラビング処理によるクラック抑制の効果をまとめる。表1 (a) はレーザー照射時間が 30 s のとき，(b) は 90 s

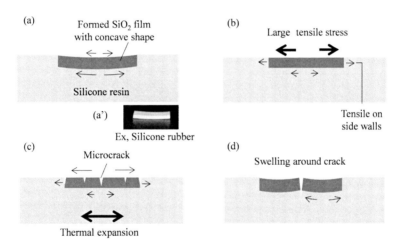

図12 クラック発生メカニズム

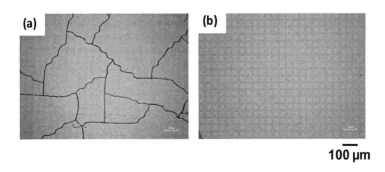

図13 スチールラビングの有無による耐熱試験後の試料表面光学顕微鏡写真
(a) ラビングなし，(b) 1 N/cm^2 300往復

自動車への展開を見据えたガラス代替樹脂開発

表1 ラビング処理によるクラック抑制効果

(a) Irradiation time 30 s (SiO_2 thickness 620 nm)

Load (N/cm²)	100℃			120℃		
	50 μm	300 μm	No mesh	50 μm	300 μm	No mesh
0	×	×	×	×	×	×
0.1	×	×	×	×	×	×
0.5	○	○	×	○	×	×
1	○	○	○	○	○	○
2	○	○	○	○	○	○

(b) Irradiation time 90 s (SiO_2 thickness 1040 nm)

Load (N/cm²)	100℃			120℃		
	50 μm	300 μm	No mesh	50 μm	300 μm	No mesh
0	×	×	×	×	×	×
0.1	×	×	×	×	×	×
0.5	○	×	×	×	×	×
1	○	○	×	○	×	×
2	○	○	○	○	×	×

○: No crack　×: Crack

の場合である。レーザー照射時間が長いほど，すなわち SiO_2 改質層が厚いほど，また耐熱性試験の温度が高いほど，より大きな荷重でラビング処理を行うことによりクラックが抑制された。メッシュマスクを使用しない場合は，メッシュマスクを使用した場合に比較し，より大きな荷重が必要であった。しかし，$2\,N/cm^2$ より大きな荷重では，試料表面に擦傷痕が認められるようになった。

1.5　おわりに

シリコーンハードコートがコーティングされたPCに，波長157 nmの F_2 レーザーを照射することにより，その表面に光化学的に SiO_2 改質層を形成することができた。その試料は，テーバー摩耗試験において，従来のガラス窓材に匹敵する $\mathit{\Delta}Hz=1.2\%$ の高い耐摩耗性を示した。したがって，自動車用樹脂窓の認証に必要な耐摩耗性を達成した。しかし用途によって，SiO_2 改質層の厚みを増す必要がある場合，クラックが生ずるという問題が生じた。これに対し，レーザー照射の際にメッシュマスクを使用することにより，クラックが抑制されることを見出した。また，改質されたPC窓材に，屋外使用のための高温耐性を持たせるため，スチールウールによるラビング処理が有効であることも示した。

第 2 章　ハードコート技術

文　　　献

1) H. Takao, M. Okoshi and N. Inoue, *Jpn. J. Appl. Phys.*, **41**, L1088（2001）
2) H. Takao, M. Okoshi and N. Inoue, *Jpn. J. Appl. Phys.*, **42**, 1284（2003）
3) M. Okoshi, T.Kimura, H. Takao, N. Inoue and T. Yamashita, *Jpn. J. Appl. Phys.*, **43**, 3438（2004）
4) M. Okoshi, J. Li and P. Herman, *Opt. Lett.*, **30**, 2730（2005）
5) H. Takao, M. Okoshi, H. Miyagami and N. Inoue, *IEEE J. Sel. Top. Quant.*, **10**, 1426（2004）
6) H. Takao, H. Miyagami, M. Okoshi and N. Inoue, *Jpn. J. Appl. Phys.*, **44**, 1808（2005）
7) H. Nojiri and M. Okoshi, *Jpn. J. Appl. Phys.*, **55**, 122701（2016）
8) H. Nojiri and M. Okoshi, *Jpn. J. Appl. Phys.*, **56**, 085502（2017）
9) 野尻秀智，大越昌幸，レーザー研究，**45**，646（2017）
10) 野尻秀智，大越昌幸，レーザー研究，**46**，527（2018）

2　移動体用樹脂グレージングを支える表面コート技術

久保修一[*]

2.1　はじめに

　自動車の CO_2 排出規制強化は世界的な潮流であり，日米欧などの先進諸国から新興国へと広がりつつある。中でも EU では 2021 年より 95 g/km の CO_2 排出基準を満たすことが求められる[1]。その一方で欧州自動車メーカーの排ガス不正問題によってディーゼル車のシェアが低下し，プラグインハイブリッド車や電気自動車による車両の電動化が急速に進行している。このように需要が高まりつつある電動車両ではあるが，動力源のエネルギー密度が低く，航続距離も既存の車両よりも短いという課題も抱えている。これらの課題の代表的な解決策と考えられているのが，安全性の高い蓄電池のエネルギー密度向上と電気消費量低減の両立である。

　今後も強化が進む CO_2 排出基準を満たしながら，ユーザーの利便性・快適性を向上させるためには，既存のエンジン車両に劣らない電動車両の開発が必要であり，その鍵となるのが車両の重量バランスを考えた軽量化である。車両の軽量化の有力な手段として，パーツの樹脂化が進行しており，軽量効果の大きい構造部材，外板，ガラスなどがその対象となっている。構造部材には繊維強化樹脂が部分的に採用され，更には車両の外板や一部の小型車両のテールゲートとして汎用樹脂であるポリプロピレンが使われ始めている。自動車向けガラス代替においては，1990年代後半に日本と欧州で樹脂グレージング（サンルーフ，リア・クォーター・ウィンドウ）が採用されており，その後もパノラマルーフ，リア・ウィンドウなどへと採用部位を徐々に広げ，樹脂グレージングの大型化も進んできた。しかしながら，その車種や数量は限定的であり，本格的な普及には至っていない。こうした状況下で日本の自動車保安基準が改正され，2017 年 6 月には，日本では初となるフロントウィンドウに樹脂グレージング[2]が採用された。また，2017 年10 月には，東京モーターショーで樹脂グレージングを組み込んだ樹脂テールゲート[3]が公開されるなど，環境規制の強化と自動車の電動化を見据えた軽量化技術として，樹脂グレージングの開発が加速してきた。

2.2　移動体向け樹脂グレージング普及のためのキー技術

　今後，樹脂グレージングが広く普及するために欠かせない条件が低コスト化と高性能化である。低コスト化に必要なのは，部品の一体化による部品点数の大幅削減であり，高性能化に必要なのは，既存のガラスと同等以上の耐傷性と耐候性を実現する透明樹脂の表面コート技術の革新である。自動車で使用されている代表的な透明部品であるポリカーボネート（以下，PC と略す）が持っている密度および熱伝導率の低さと耐衝撃性に優れているという特性を活かして，PC は既にランプレンズ，メーターパネル，部分的にウィンドウに採用されている。しかし，既存のPC は柔らかく非常に傷がつき易いこと，紫外線により黄変や透明性が低下すること，高温高湿

---

　*　Shuichi Kubo　イビデン㈱　技術開発本部　常務執行役員，技術開発本部長

第2章 ハードコート技術

下で加水分解が起こり，強度低下を引き起こすことなど，主に耐久性の面で課題を抱えている。自動車分野において，樹脂ガラスの需要を拡大させるには，欧州の ECE R43 や米国の ANSI/SAE Z26.1 をはじめとする各国の自動車窓規格において，より厳しいカテゴリーに適合し，より広い範囲で使用できることを示す必要がある。軽さや加工性の高さなど樹脂の優れた特性を活かしながら，耐傷性や耐候性を高め，より厳しい使用条件に耐えうる樹脂グレージングの開発が求められている。

本稿では，PC の特徴を最大限に引き出し，物理的・化学的物性変化の課題を克服するための表面ハードコート材料およびコート技術の開発について説明する。

2.3 樹脂グレージングのコーティング技術

一般に樹脂グレージングは，表面にハードコートが施されており，数 μm～十数 μm のハードコート層に耐傷性や耐候性の機能を持たせている。ハードコートは，UV 硬化型と熱硬化型に大別され，用途別に使い分けがなされている。とりわけ，長期耐候性が重要視される屋外用途向けには，後者の熱硬化型が用いられるケースが多い。図1に，一般的な2液系の熱硬化型ハードコートの構成と各層の特性を示す。プライマーコート層はアクリル系樹脂で構成され PC とトップコート層の密着層および紫外線吸収による耐候性向上に機能し，トップコート層はシリコン系樹脂であり耐傷性に加え紫外線吸収機能もあり耐候性の向上にも寄与する[4]。しかし，現時点では PC 上にこれらのコート層が存在しても，既存のガラスと同等の性能は得られていない。このため，更なる性能向上のためには，コート層の劣化機構を詳細に把握し，これら課題を克服する新たなハードコートコーティング材料およびコーティング技術の開発が必要である。

既存のハードコートの劣化を理解するために，プライマーコート層の劣化機構を図2に，トップコート層の劣化機構を図3に示す。

図2に示すようにプライマー層であるアクリル系樹脂は，熱および光（紫外線）照射によって

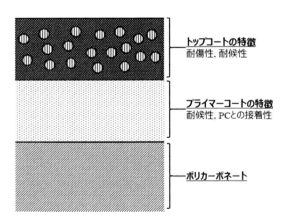

図1 2液系熱硬化型ハードコートの構成と各層の特性

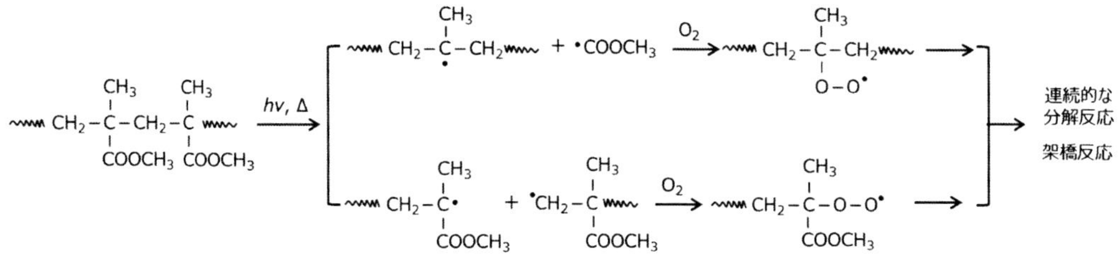

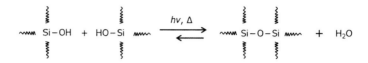

図2 アクリル系樹脂の劣化反応機構

図3 シリコン系樹脂の未反応部位の反応機構

側鎖および主鎖が切断されてラジカルが生成し，空気中の酸素と反応して過酸化ラジカルとなることで，連続的に分子鎖切断が進行して低分子化することにより特性が低下すると考えられている。また，競争反応的に連鎖移動が起こり，部分架橋反応が進むことで特性が変化すると考えられている[5,6]。これらの反応は，側鎖のエステル基が加水分解し，カルボン酸となることで加速されるため，加湿下では劣化速度が上がると考えられる。よって，実使用環境下では光（紫外線）および水分の影響を抑えることが耐候性向上には有効である。

次に，図3に示すようにトップコート層であるシリコン系樹脂は，熱および光によって残存する未反応シラノール基の縮合反応が進行し，コート層内に内部応力が蓄積する。一方，水の存在下ではシロキサン結合が加水分解反応を起こす。これらの反応は，可逆的に繰り返されながら平衡が縮合側へ偏り，内部応力が増大した中で欠陥部位が生じることでクラックの発生を引き起こすと考えられる[7]。

以上のことより，高耐傷性および高耐候性を実現するコート層の基本的な設計指針は以下の点が重要であると考えられる。①耐候性向上には，トップコート層の硬化時に均一かつ未反応部位の少ない状態とすることが有効である。また，縮合度を上げることは，最表層の硬度アップにつながり耐傷性の向上に有効である。加えて，②実際の樹脂グレージングでは，積層コートしたことにより形成される各層界面に生じる応力および界面近傍での劣化抑制が，層間剥離の防止に重要な設計である。

2.4 高耐傷性および高耐候性を兼ね備えるハイブリッドハードコート

超高性能ハードコートの実現に向けて，2液系の熱硬化型ハードコートにおいて，劣化の主要因の1つであるコート層の層間剥離を改良することに着目して，層構成の設計を行った。図4に今回検討したハイブリッドハードコートのコンセプト図を示す。ハイブリッドハードコートの特

第 2 章　ハードコート技術

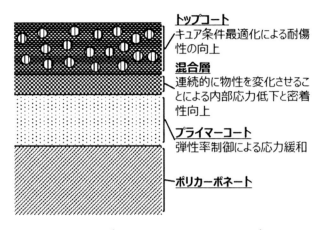

図 4　ハイブリッドハードコートのコンセプト

徴は，①トップコート層の熱硬化時に縮合反応をより進行させることにより，使用環境下での経時変化による内部応力の増加を抑える，②プライマー層の低弾性率化により，使用環境下で生じる PC とトップコート層間の熱特性差に起因した応力を変形により緩和させやすくする，③親和性が比較的乏しいプライマーコート層およびトップコート層間にお互いが分子レベルで混合した相互貫入層（以下，混合層と略す）をサブミクロンオーダー厚みで形成させることで，接触面積を増加させて密着力を増大させることである。これらにより，コート層間の密着力向上および内部応力を低減させ，剥離抑制することによる性能改善を可能にし，また，①の縮合反応を完結側へ偏らせることは，耐傷性の向上も期待できる。

2.5　ハイブリッドハードコートの基本特性

はじめに，プライマーコート層とトップコート層間に形成した混合層の効果を検証する。図 5 に PC 上にハイブリッドハードコートを塗工したサンプルの断面 SEM（SEM: Scanning Electron Microscope）画像を示す。ハイブリッドハードコートの 1 つの特徴であるトップコート層とプライマー層間にサブミクロンオーダーの混合層が形成されており，図 6 に示すように煮沸密着試験により，混合層を形成した結果として密着性が向上することが確認できた。

ハイブリッドハードコートの耐傷性は，ASTM D1044 に準拠し，テーバー摩耗試験機にて 1,000 回転の摩耗試験を実施し，試験前後の光の透過割合を示すヘーズ値の差（ΔH）にて評価した。図 7 に，ハイブリッドハードコートと市販品コートの ΔH を示す。図 7 より，ハイブリッドハードコートのテーバー試験前後の ΔH が小さく耐傷性に優れることがわかる。また，図 8 に示す FT-IR（FT-IR: Fourier Transform Infrared Spectroscopy）スペクトルからも，ハイブリッドハードコートの方は Si-OH に帰属される吸収強度が低いことから，トップ層の硬化反応は縮合側に偏っており，強固な Si-O-Si 結合ネットワークが形成されていることが示された。一般にトップコート層の硬化条件を厳しく（高温，長時間）することによって，Si-O-Si 結合の形成を

自動車への展開を見据えたガラス代替樹脂開発

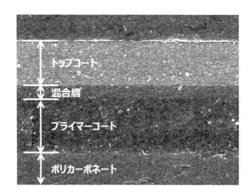

図5 ハイブリッドハードコートの塗工断面SEM画像

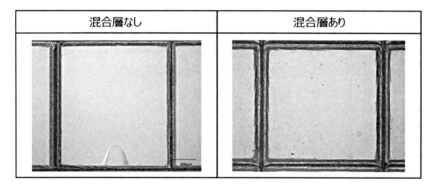

図6 煮沸密着評価試験後のハイブリッドハードコートの表面観察像

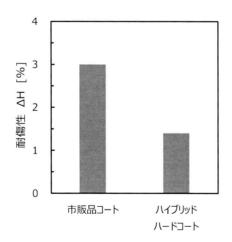

図7 ハイブリッドハードコートと市販品コートの耐傷性ΔH比較

第 2 章　ハードコート技術

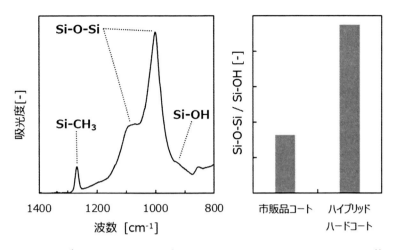

図 8　ハイブリッドハードコート表面の FT-IR スペクトル Si-O-Si/Si-OH の比

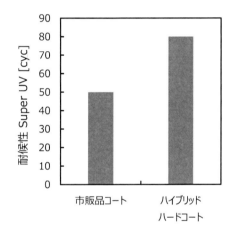

図 9　ハイブリッドハードコートと市販品
コートの耐候性 Super UV 比較

促進させることが可能であるが，内部応力が高まるためクラック発生のリスクが高くなる。これに対し，ハイブリッドハードコートは，プライマー層の弾性率調整およびミクロンオーダーの混合層の形成により，内部に蓄積する応力を低減させることで高い縮合度でもクラック発生の抑制を可能としている。

　ハイブリッドハードコートの耐候性評価は，メタルハライドランプを用いた促進耐候試験（Super UV）にて実施した。なお，Super UV は 10 cyc（サイクル）で実環境 1 年相当の促進となる条件である。図 9 にハイブリッドハードコートと市販品コートの Super UV の結果を示す。図 9 より，ハイブリッドハードコートは Super UV で 80～100 cyc の耐久性を有し，市販品コートよりも 30～40 cyc（3～4 年相当）高い耐候性を示した。

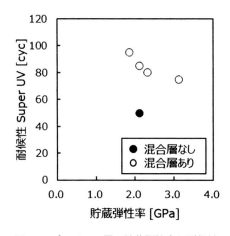

図 10 プライマー層の貯蔵弾性率と耐候性 Super UV の関係

次に，プライマー層の貯蔵弾性率と耐候性評価の指標である Super UV の関係を図 10 に示す。これより，混合層を形成することで，耐候性が 30 cyc 向上している。これは，トップコート層とプライマー層の混合層が両者の力学的特性差に起因して界面で生じる応力を低減し，かつ密着性が向上したことによると考えられる。また，プライマー層のみに着目すると，ハイブリッドハードコートはプライマー層の貯蔵弾性率を市販品コートより低下させており，これにより 10～20 cyc の耐候性向上の効果が得られた。これは，プライマー層の貯蔵弾性率を低下させることにより，基材の PC とトップ層間の線熱膨張係数差（PC:70～100 ppm/K，トップ層 :20～40 ppm/K）により生じる内部応力の一部をプライマー層の変形により緩和したことによると考えられる。ハイブリッドハードコートは，これら混合層およびプライマー層の貯蔵弾性率の制御により，市販品コートに比べ，3～4 年の性能向上が得られ，10 年相当の耐候性と高い耐傷性の両立を可能とした。

2.6 ハイブリッドハードコートの耐候促進試験による基礎特性変化

Super UV 前後のコート層の基礎特性変化の確認を実施した。まず，トップコート層については，Super UV の 70 cyc 後のサンプルを用い，FT-IR による残存シラノール基量およびナノインデンター（試料に対して超低荷重の押しこみ試験を行い，試料の機械特性，硬度，ヤング率を取得できる）による表面硬度の変化を測定して評価した。図 11 には残存シラノール基量および図 12 に表面硬度の変化を示す。図 11 より，Super UV 試験後では残存シラノール基が低減し，図 12 より，表面硬度が上昇している。これらのことより，Super UV により，トップコート層は縮合反応が進行し，Si-O-Si ネットワークの形成が進み，内部応力が増加することが示された。実使用環境 1 年に相当する Super UV 試験 10 cyc で，およそ 5 MPa の硬度増大が進むことから，これに伴い蓄積する内部応力を分散させる設計が耐候性向上には重要であることがわかる。一

第 2 章 ハードコート技術

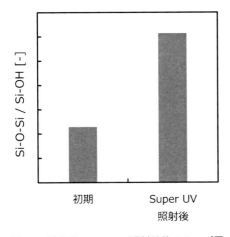 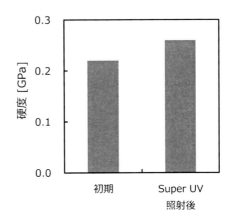

図 11 耐候性 Super UV 照射前後のトップ層　　図 12 耐候性 Super UV 照射前後のトップ
　　　結合状態比較　　　　　　　　　　　　　　　　層硬度比較

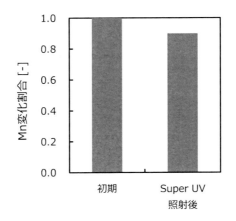

図 13 耐候性 Super UV 照射前後のプライマー
　　　の数平均分子量（Mn）比較

方，プライマー層については，擬似的にプライマー層のみの単層膜を作製し，Super UV 30 cyc 後のサンプルを用い，GPC（ゲル浸透クロマトグラフィー）による分子量変化を測定し評価した結果を図 13 に示す。なお，実コートサンプルにおいては，トップコート層の存在により紫外線や水蒸気透過がカットされるため，プライマー層自体に到達する劣化因子は層構成から換算する必要がある。図 13 より，Super UV により，紫外線および水蒸気の影響でプライマーは分解反応が進行し，数平均分子量（Mn）の低下が確認された。これより，プライマーに到達する紫外線および水蒸気を低減することが耐候性向上に重要であることがわかる。

以上のことより，ハイブリッドハードコートの更なる高耐久化には，最表層での紫外線吸収あるいは反射，かつ水蒸気のバリア性向上が有用であることが示唆された。

2.7 更なる高耐久性を追及したセラミックナノコート

ハイブリッドハードコートの更なる高耐久化には，プライマーおよびトップコートの劣化反応を抑制するため紫外線の吸収あるいは反射と，かつ水蒸気バリア性の向上が必要となる。この課題に対して，セラミックコートが開発されており[8,9]，コーティング技術として低温で成膜が可能なプラズマCVD法，スパッタ法が広く使われている[10,11]。その中でもセラミックコートとして，プラズマCVD法による透明材料のSiO$_2$コートが主流である。

ここでは，ハイブリッドハードコート上に数十nm厚のSiC（シリコンカーバイド）セラミックコート層を密着性と緻密性に優れたスパッタ法により形成させることで，ダイヤモンドに次ぐ超高硬度のSiC層による紫外線の反射[10]および水蒸気のバリア性[11～13]の向上によって，プライマーおよびトップコートの劣化反応を大幅に抑制することを目的として開発した技術について説明する。

SiC反応性スパッタリングによって作製した膜の微小構造解析をX線電子分光（XPS: X-ray photo-electron spectroscopy）にて測定を行った。図14のSi 2pスペクトルから，Si原子周りの結合状態はSi-C結合とSi-O結合が混在しており，その結合比率は成膜条件によって任意に制御できることが分かった。図15の光透過特性から，Si-O結合比率が大きい場合にはSiO$_2$の屈折率に近くなり全波長領域で高い透過特性を示した。これに対して，Si-C結合比率が高くなるにつれて低波長側の透過率が低下し，Si-C結合のみとなると可視領域の透過率も大きく低下した。図16にSiC膜の硬度と水蒸気透過率の関係を示す。Si-C結合比率が高いと硬度が高く，水蒸気透過率は低い結果が得られた。これは，Si-C結合比率が高い膜は緻密で水蒸気バリア性の優れた膜であることがわかる。

SiCの反応性スパッタリングにおいてSi-C結合とSi-O結合の比率を制御し，紫外線を反射

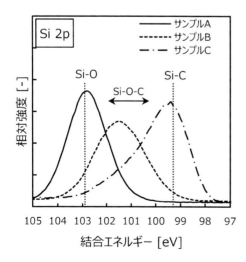

図14 成膜条件の異なるSiC膜のXPSによるSi結合状態解析

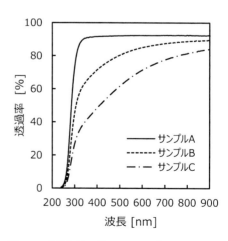

図15 成膜条件の異なるSiC膜の分光透過率

118

第 2 章　ハードコート技術

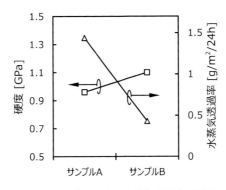

図 16　SiC 膜の硬度と水蒸気透過率の関係

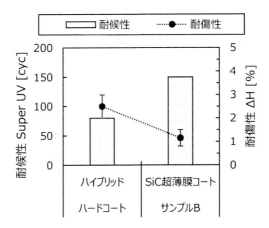

図 17　ナノスケールの SiC 超薄膜コートを施した
樹脂ウィンドウの耐候性と耐傷性

し，かつ水蒸気バリア性に優れた膜質をナノスケールで PC 上のハイブリッドハードコートに成膜した樹脂ウィンドウの耐候性と耐傷性評価結果を図 17 に示す。Si-C 結合比率の高いサンプル B はハイブリッドハードコートに対して Super UV において 50 cyc 以上向上した。これは，Si-C 結合比率の増加に伴う紫外線と水蒸気に対するバリア性の向上が，ハイブリッドハードコートの劣化反応の抑制に寄与したものと考えられる。しかしながら，Si-C 結合比率の高い緻密膜は内部圧縮応力が高く，ハイブリッドハードコートとの応力差が大きくなり，SiC 膜の剥離を引き起こす。高硬度で緻密な SiC 膜とハイブリッドハードコートとの密着力を確保するためには，均一な緻密膜が形成できる最小限の膜厚に抑え，同時に SiC 緻密膜の応力緩和を考慮した SiC 多層構造膜の設計が必要である。応力緩和層には，Si-C 結合比率を制御し硬度の低い膜とすることで，Si-C 結合の多い緻密な高硬度 SiC 膜でも密着性を確保することができる。SiC 多層構造膜における表層の SiC 緻密膜と中間層の膜物性を最適化させることにより，優れた密着性が得られ，高硬度から期待される優れた耐傷性を発揮することが確認でき，紫外線と水蒸気のバリ

ア性を有する SiC 緻密膜の優れた耐候性との両立を可能にした。

2.8 まとめ

　樹脂グレージングは，PC の特徴を活かしつつ，その欠点である耐候性および耐傷性を克服することが既存ガラスを置き換えて普及する鍵である。今回，我々は最表層であるトップコート層の縮合度を高め耐傷性を改善し，プライマー層および混合層に高い密着性と内部残留応力を緩和する機能を持たせることで，耐候性と耐傷性を大幅に向上させ，ECE R43 でクラス L が見込める（ワイパー適応部位に採用が見込める）ハイブリッドハードコートを開発した。また，最表層に nm オーダーの SiC セラミックコートを形成することで，表面の硬度アップおよびハイブリッドハードコートの劣化抑制によって，更なる性能向上が可能であることが確認できた。現状，上述のように無機ガラス並みの性能を樹脂ウィンドウに付与するために 2 層のハイブリッドハードコートあるいはセラミックコートを含む 3 層のコートが必要である。

　将来的には，ハイブリッドハードコートの各層の設計方法を基にして，どのような車両でも対応できる高性能な 1 層のみのコートによる性能向上を実現させ，基本性能を維持しつつ，コスト面での競争力を高めていく必要がある。

文　　献

1) https://www.theicct.org/chart-library-passenger-vehicle-fuel-economy
2) https://www.teijin.co.jp/news/2017/jbd170619_48.html
3) https://www.toyota-shokki.co.jp/sp/45th_motorshow/images/plastic_glazing.pdf
4) A. Torikai *et al., Journal of Applied Polymer Science*, **55**, 1703-1706 (1995)
5) 桐原修ほか，機能性ハードコートにおける最適調整・設計・評価と将来展望，AndTech 社 (2016)
6) J. Kumanotani，金属表面技術，**32** (11)，579-586 (1981)
7) 作花済夫，ゾルーゲル法技術の最新動向，シーエムシー出版 (2010)
8) 新見亮，第 65 回 CVD 研究会（第 28 回夏季セミナー）講演会 (2017.8)
9) 小島洋治ほか，第 59 会高分子学会予稿集 (2012)
10) 佐野慶一郎ほか，電子情報通信学会技術研究報告 SDM，シリコン材料・デバイス，**96** (344)，79-86 (1996)
11) 篠田真人ほか，表面技術，**43** (10)，957-961 (1992)
12) 岩森暁，表面技術，**61** (10)，688 (2010)
13) M. Nakaya *et al., Journal of Polymers*, **2016**, Article ID 4657193, 7 (2016)

3 耐候性UV硬化型無機―有機複合ハードコートの車窓用樹脂ガラスへの応用

髙田泰廣*

3.1 はじめに

近年,移動車両の分野においては,CO_2排出規制の強化などに対応するためガラスをプラスチックに置き換えて軽量化する動きが活発化している。しかし,非常に高いレベルの耐候性と耐摩耗性が求められることからプラスチック材料の保護を目的としたコート剤の重要性が増している。

保護コート剤として熱硬化型シリコン樹脂の他,最近では紫外線の光エネルギーに反応して塗膜を形成するUV硬化型樹脂が注目されており,①短時間で硬化する,②低温で硬化する,③乾燥炉が不要で設備が省スペースで済むなど,高い生産性が期待されている。

しかし,一般的にUV硬化型樹脂は,耐候性に乏しく,屋外などの過酷な状況下において紫外線に長期間曝される用途には不向きであった。

当社では,プラスチック材料の保護コート剤用樹脂として新規なUV硬化型無機―有機複合樹脂(以下,複合樹脂と略)の開発に成功している[1~3]。

本稿では,複合樹脂の設計,耐候性評価および車窓用樹脂ガラスへの応用展開について述べる。

3.2 UV硬化型無機―有機複合樹脂の設計

複合樹脂は,ポリシロキサンに光重合性二重結合基を導入し,有機成分であるアクリル樹脂と化学的に結合させた構造を有する。合成手順は図1に示した通り3ステップからなる。まず,二

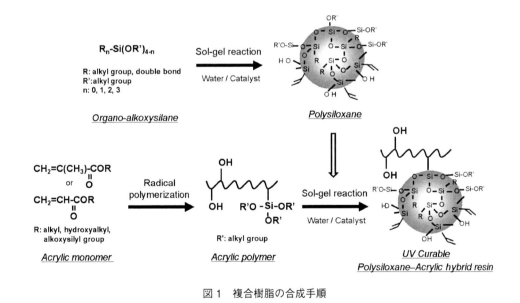

図1 複合樹脂の合成手順

---

* Yasuhiro Takada　DIC㈱　分散第二技術本部　分散技術8グループ　マネジャー

重結合を有するアルコキシシランを加水分解および縮合させることによって光重合性二重結合を有するポリシロキサンを調製する。そして，得られたアクリル樹脂と上述のポリシロキサンを共縮合させることによって複合樹脂が得られる。

　複合樹脂は，ポリシロキサン由来の耐候性，耐汚染性などの特性を発現するのに加え，ポリシロキサン部にUV反応型の二重結合を有することから，光重合開始剤を添加し光照射することで，瞬時に硬化塗膜を形成できる特長を有する。これまでに，ポリシロキサン含有率が25％から90％までの複合樹脂を安定的に合成することに成功しており，樹脂溶液はいずれも透明粘稠な液体であり，長期保存安定性に優れる。

3. 3　複合樹脂を用いたコート剤の設計

　図2に複合樹脂の架橋形式を示す。複合樹脂由来の反応性基を利用し，アクリレート化合物とのUV硬化やポリイソシアネート化合物との熱硬化よる塗膜形成が可能である。このコート剤設計における期待効果は，①複合樹脂のポリシロキサンによる優れた耐候性の付与，②多官能アクリレートによる表面硬度アップ，および③ウレタン結合形成による耐クラック性アップの3点であり，用途に応じてUV硬化またはUV―熱によるデュアル硬化を適宜選択することができる。

3. 4　硬化塗膜の耐候性評価

3. 4. 1　屋外曝露試験

　白色エナメル処理した金属板上に複合樹脂硬化塗膜，汎用的な高耐候性樹脂である熱硬化型2液フッ素樹脂硬化塗膜，熱硬化型2液アクリル樹脂硬化塗膜および多官能アクリレート硬化塗膜の計4種類のクリア塗膜（乾燥膜厚20μm）を形成し，塗膜単独に対する沖縄5年間の屋外曝露

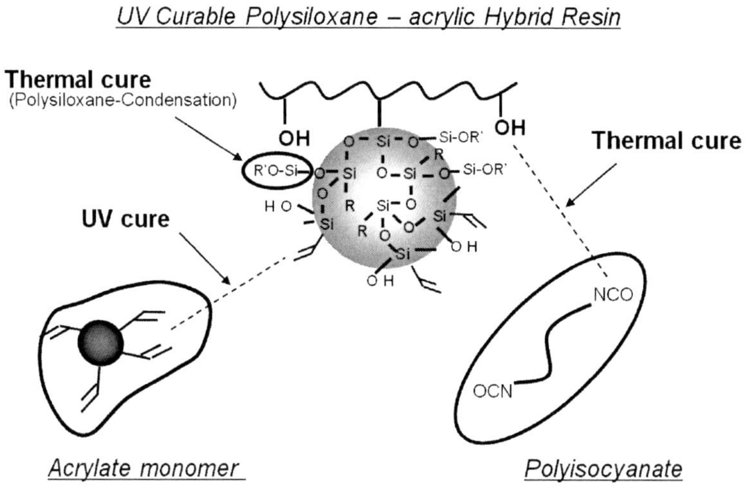

図2　複合樹脂の架橋形式

第2章 ハードコート技術

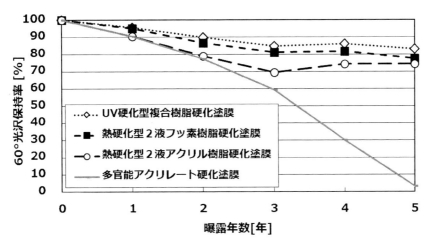

図3 クリア塗膜の沖縄曝露試験結果

試験を行った結果を図3に示す。多官能アクリレート硬化塗膜は，その他の硬化塗膜に比して光沢が早期に低下するのが明らかで，光沢低下と共に塗膜剥離やクラックも確認された。一方，複合樹脂硬化塗膜は，沖縄曝露5年経過後も80％以上の光沢保持率を示しており，高耐候性樹脂として既に実績のある熱硬化型2液フッ素樹脂硬化塗膜と同等の耐候性を発現することが明らかになった。

3.4.2 耐候性発現のメカニズム

　一般的な無機―有機ブレンドタイプの硬化塗膜では，屋外曝露の経時と共に，表層の有機成分が分解・劣化し，シリカなどの無機成分が徐々に脱離していくが，複合樹脂硬化塗膜の場合は，無機成分同士がナノレベルでマトリックスを形成しているため，劣化が進みにくく，透明性や光沢が維持できていると考えられる。更にこの仮説を検証すべく，沖縄曝露2年前後の複合樹脂硬化塗膜最表層の元素組成をX線光電子分光法（XPS）で分析したところ，炭素原子が86％から1/4以下の21％に減少し，酸素原子と珪素原子が3～5倍に増加していることが分かった。即ち，複合樹脂硬化塗膜の最表層において，紫外線エネルギーなどによって有機成分の光分解が進行した一方，シロキサン結合を有する無機成分のマトリックスは分解せずに残っており，その結果，極めて高い耐候性を発現していることが検証された。

3.5　車窓用樹脂ガラスへの応用

3.5.1　保護コート剤

　当社が開発した複合樹脂は，無機セグメントと有機セグメントの両方を併せ持つ性質ゆえ，図2に示す多官能アクリレート化合物だけでなく，無機酸化物との相溶性にも優れている。そのため，様々な無機酸化物をナノレベルで分散することができ，所望の機能を付与したコート剤を設計できる。我々は，複合樹脂にシリカなどの無機酸化物を均一分散することで，元来持つプラス

チック素材との密着性や耐候性を損なうことなく，高いレベルの耐摩耗性を付与することに成功，車窓用樹脂ガラスの保護コート剤としての展開が期待できる結果を得た。

表1にシリカを分散した複合樹脂ハードコート剤（開発品）を積層したポリカーボネート基材（SABIC製 LS-2）の評価結果を示す。開発品の耐摩耗性は市販品（水平面用）と同等または，それ以上の性能を示した。一方，耐候性に関しても，塗膜の剥離やクラックなども生じず，市販品以上の性能が確認された。図4に示す20°光沢保持率および⊿Haze（曇り値）の結果から，開発品は市販品（水平面用）よりも優れた値を示すことが確認された。

上述のとおり，現在，車窓用樹脂ガラスの保護コート剤として熱硬化型シリコン樹脂が使用されているが，プライマーが必須であり塗装が2工程となること，硬化工程に高温・長時間を要す

表1 複合樹脂ハードコート剤を積層したポリカーボネート基材と車窓用樹脂ガラス（市販品）との比較評価結果

試験項目	試験条件	（開発品）複合樹脂ハードコート剤	（市販品）車窓用樹脂ガラス 水平面用	（市販品）車窓用樹脂ガラス 垂直面用
碁盤目密着性（残マス/100）	60℃95%240 h	100／100	100／100	100／100
	40℃温水 240 h	100／100	100／100	100／100
Taber 摩耗性（⊿Haze）	ASTM D1044 500 g100 回転	3～4	3～4	1～2
	ASTM D1044 500 g500 回転	5～7	9～11	2～4
スチールウール性（⊿Haze）	#000 500 g11 往復	0.4	0.9	0.4
促進耐候性試験	SUV 100 cycle	剥離なしクラックなし	クラック発生（60 cycle）	剥離発生（50 cycle）

※ 基材：ポリカーボネート（SABIC LS2-111 5 mm厚）

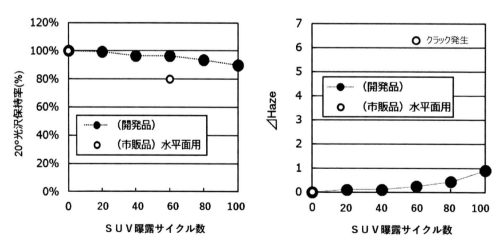

図4 複合樹脂ハードコート剤を積層したポリカーボネート基材と車窓用樹脂ガラス（市販品）の促進耐候性試験（SUV）の評価結果

第2章　ハードコート技術

ること，などから生産性の向上が課題となっていた。

　当社の開発品は，UV 硬化の特長である高生産性と複合樹脂ハードコート剤の特長である耐候性と耐摩耗性を兼備するため，代替材料として期待される。

3.5.2　プラズマ CVD（化学気相蒸着）用アンダーコート剤

　2017 年 7 月から導入された日本の新しい自動車保安基準や欧州の基準（ECE R43 rev.4）をクリアするには，上述の保護コート剤の耐摩耗性レベルを底上げする必要がある。そこで我々は，シリカおよび無機セグメント組成を最適化した複合樹脂ハードコート剤（開発品）をアンダーコートに適用し，硬化させた複合樹脂ハードコート剤の上に CVD 層を形成することで，新保安基準を満足するガラス並みの耐摩耗性を達成した。

　表 2 に密着性，耐摩耗性および耐候性試験の結果を示す。

表 2　複合樹脂ハードコート剤と CVD を積層したポリカーボネート基材（CVD 積層体）の評価結果

試験項目	試験条件	CVD 積層体	複合樹脂 ハードコート剤
碁盤目密着性	60℃95％240 h	100／100	100／100
（残マス／100）	40℃温水 240 h	100／100	100／100
Taber 摩耗性 （⊿Haze）	ASTM D1044 500 g1000 回転	0.17	7～10
促進耐候性試験	SUV	70 cycle 継続中	100 cycle 異状なし

※　基材：ポリカーボネート（SABIC　LS2-111　5 mm 厚）

3.5.3　熱曲げ加工性が可能な保護コート剤[4]

　移動車両の分野では，車窓用ガラスの軽量化に加えて，デザイン性に富む曲面形状への対応が求められている。曲面部材へのコーティングは，予め曲面形状に成形したプラスチック基材上にスプレー装置などで塗装するのが一般的であるが，デザイン性が高まるほど均一塗装が難しく，保護コート剤の歩留まりが低下してしまう。

　そこで我々は，塗装が容易な平面のプラスチック基材上に，塗布・硬化させた後でも熱曲げ加工ができる複合樹脂ハードコート剤を開発した（図 5）。

　通常，ハードコート性と熱曲げ加工性は相反する性能であるが，複合樹脂の無機—有機セグメントの設計を最適化することで，熱曲げ加工性を有するアクリレート化合物と耐摩耗性を付与できる無機酸化物を均一に相溶させることに成功。その結果，膜厚 5 μm の開発品を積層したポリカーボネート基材において，耐摩耗性や耐候性を維持しつつ，曲率 R 2～3 cm までの熱曲げ加工が可能となった（表 3，写真 1）。

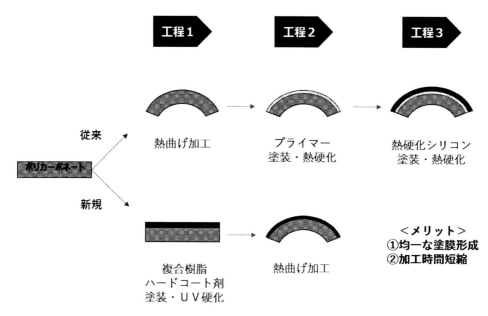

図5 熱曲げ加工ができる複合樹脂ハードコート剤の生産工程

表3 熱曲げ加工可能な複合樹脂ハードコート剤

試験項目	試験条件	（開発品）複合樹脂ハードコート剤を積層したPC	（市販品）DPHA系ハードコート剤を積層したPC
碁盤目密着性	60℃95％240h	100／100	0／100
（残マス／100）	40℃温水240h	100／100	0／100
鉛筆硬度	JIS-K5600	H	H
耐スチールウール性	#0000　1kg×11往復	傷なし	傷なし
Taber摩耗性（⊿Haze）	ASTM D1044 500g,500回	3～5	9～11
促進耐候性	SUV	30 cycle　異状なし	10 cycleでクラック発生
175℃耐屈曲性（異状のない曲率R）	塗膜5μm,PC厚2mm硬化塗膜を外向きに屈曲	2～3cm	20～30cm

※　基材：ポリカーボネート（AGC　カーボグラス ポリッシュクリア　2mm厚）

第2章　ハードコート技術

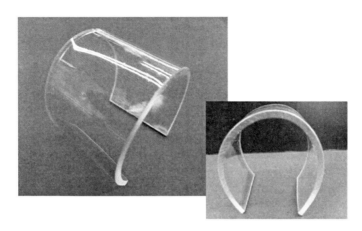

写真1　開発品の熱曲げ加工性

3.6　おわりに

　UV硬化型無機―有機複合樹脂およびコート剤は，プラスチック素材に優れた耐候性，耐摩耗性を付与できるため，車窓用樹脂ガラスへの展開が期待でき，このコート剤にCVD層を積層することで，新保安基準をクリアする耐摩耗性を付与できるため，車窓用樹脂ガラスの適用部位の拡大が期待できる。一方，新たに開発した熱曲げ加工性を有する複合樹脂ハードコート剤は，無機ガラスでは成しえないデザイン性に富む樹脂ガラスの開発に大きく貢献するものと考える。

文　　　献

1) 宍倉朋子ほか，ネットワークポリマー，**32**(1)(2011)
2) 宍倉朋子ほか，第63回ネットワークポリマー講演討論会 要旨集(2013)
3) 松沢博，塗装工学，**50**(9)，9(2015)
4) 高田泰廣ほか，工業材料，**66**(6)，42(2018)

4 機能性コーティング剤による透明樹脂高機能化

村口　良[*]

4.1　はじめに

従来から，光学材料として使用されてきた無機ガラス材料は，高い透明性と傷付き防止性や耐熱性を併せ持つ優れた材料であるが，近年では無機ガラスと共に透明樹脂も広く使用されるようになってきている。例えば，TVやPCモニターなどのディスプレイや，スマートフォン，タブレットなどのタッチパネルディスプレイなどの画像表示部材や情報端末は，省スペースや携帯性のニーズに合わせ，薄型化，軽量化が進んでおり，加工性に優れ，軽量化に寄与する透明樹脂や光学樹脂フィルムが用いられる。一方，自動車にも，窓をはじめとして透明材料が多く用いられており，現在は，車体造形の面や安全性の面などからほとんどの部位でガラスが用いられているが，その代替材料として透明樹脂に期待が寄せられている[1]。また，近年では，地球温暖化防止や資源枯渇などをはじめとする地球環境問題の解決の流れから，燃費向上（二酸化炭素排出削減）に各社取り組んでおり，今後，ハイブリッド車や，電気自動車へのシフトが加速すると言われている[2]。燃費向上に対する最も有効な改善手段として車両の軽量化が注目されている。軽量化主要技術の一つに材料転換があり，各部位，部品の材料見直しが図られ，その点でも軽量化，意匠性などの点で有利な樹脂に注目が集まっている[3]。加えて，自動車の高級化と共に居住空間としての快適性が求められ，また自動車の情報化も加速する中，自動車におけるエレクトロニクス比率も更に高まっており，車載用表示デバイスの登載率も増えている。このような車内空間における光学部品への透明樹脂の適用も行われており，今後も増えていくものと考えられる。

樹脂材料の適用は，軽量化に大きく寄与し，また加工性に優れるなどの多くの長所が見込まれるものの，ガラスと比較して傷つき易く硬度不足などの課題を有する。この課題を解決する目的で，多くの場合，樹脂表面にハードコート処理が施される。また，傷付き防止の機能と共に，その他の機能を付加することで透明樹脂の高機能化が図られている[4,5]。これらの機能膜の形成方法には大きく分けて，ウェットプロセスとドライプロセスがあるが，ウェットプロセスでは熱硬化によって得られる機能膜と共にUV硬化（紫外線硬化）型の樹脂機能膜を形成し得る機能性コーティング剤が用いられる。また，得られる硬度を更に向上させたい場合や，樹脂成分だけでは付与しにくい機能を付加させたい場合に，無機酸化物ナノ粒子などの無機成分を適用した有機無機ハイブリッド型コーティング剤の応用が検討されている。

今回ここでは，カーナビゲーションも含めた表示部材や，透明部材などに広く使用されるPET（ポリエチレンテレフタレート）やTAC（トリアセチルセルロース）などの光学透明樹脂フィルムを例として，それら透明樹脂への機能性コーティング剤による高機能化について述べる。

---

[*]　Ryo Muraguchi　日揮触媒化成㈱　R&Dセンター　ファイン研究所　研究所長

第2章　ハードコート技術

表1　SiO_2 ナノ粒子のサイズと膜 Haze との関係

	適用した SiO_2 粒子サイズ				
	12 nm	25 nm	45 nm	80 nm	120 nm
膜ヘーズ (%)	≦0.1	≦0.1	0.1	0.2	0.9

※ UV 硬化樹脂に各種サイズの SiO_2 ナノ粒子を配合
※基材フィルム：40 μm 厚 TAC フィルム
※膜厚 8 μm
※膜ヘーズ：基材を除いた値を記載

4.2　無機酸化物ナノ粒子

　粒子を機能付与する充填成分（フィラー）として用いる手法は従来から知られている。中でも無機成分は一般的に硬度が高いため，シリカ（二酸化ケイ素，SiO_2）粒子などの無機酸化物粒子を膜中に配合して，硬度を付与することが行われる。そして，光学透明性を確保することが必要とされる場合は，配合する粒子は，波長よりも小さいナノサイズであることが必要となる。具体例として，アクリレートモノマーを主体とした UV 硬化型の有機樹脂に各種粒子径を有するコロイダル SiO_2 ナノ粒子を配合し，プラスチックフィルム（TAC フィルム）上に塗布，乾燥，UV 硬化させた典型的なハードコート膜（膜厚 8 μm）の膜ヘーズを表1にまとめた。一般的な光学フィルムとして使用することを想定した場合，SiO_2 粒子が 100 nm 前後付近から膜ヘーズが高くなってくることが分かる。そのため，実使用においては，50 nm 以下の粒子を用いることが好ましい。レンズや光学素子など，特別に厳しい要求がある場合は，10 nm 未満の粒子が要求される場合もあるが，数十 nm 以下，具体的には 25 nm 以下程度の粒子径であれば十分な場合が多い。それより大きな粒子を適用する場合は，屈折率，膜厚，配合量などに影響を受けるが，内部／外部散乱として膜ヘーズに直結する場合があるのでそのことを考慮した使用が好ましい。また，一次粒子がナノサイズの微粒子であることはもちろん重要であるが，透明性に最も重要なことは，一次粒子に近いサイズで十分に（溶媒中，被膜中で）分散されていることである。表面積測定値や結晶径から算出される一次粒子径は小さな値を示しているものの，実際には二次粒子，三次粒子の凝集体で存在している場合があるので注意が必要である。

4.3　有機無機ハイブリッドコーティング剤

　SiO_2 などの無機酸化物ナノ粒子を UV 硬化型のコーティング液に適用する際には，ほとんどの場合，有機溶剤に分散させておく必要がある。そのため，一次粒子径と同様に必要なのは，その表面設計である。分散媒が有機溶剤の場合は，混合すると凝集，沈降を生じる場合がある。そのため，表面処理を併用して立体障害を付与しなければ困難な場合が多い。ここで気を付けるべき点は，有機溶剤に分散された状態や，有機樹脂を含む塗料（ペイント）の状態で分散状態が保たれているだけでなく，塗料が塗布されて，硬化被膜になるまでの造膜過程においても，その分散性が保たれている必要があることである。これらは一次粒子設計と，その表面設計に依るが，

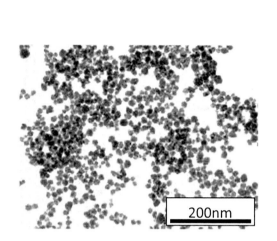
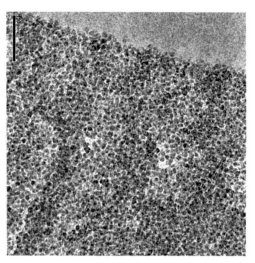

図1 MIBK溶剤分散のナノ SiO₂ ゾルの TEM 写真

図2 ナノ SiO₂ 粒子配合ハードコート膜の断面 TEM 写真

実際には各社のノウハウにより決定される場合が多い。更に，分散性確保による透明被膜の獲得だけでなく，有機樹脂との一体化による硬度の発現を考える場合には，粒子表面に有機樹脂バインダーと結合し得る有機官能基を導入することもできる。

図1に，メチルイソブチルケトン（MIBK）溶剤に分散した結合型の表面設計を施した 12 nm サイズの SiO₂ 粒子の TEM 写真を示す。比較的粒子径の揃った高分散した SiO₂ 粒子が確認できる。また，これらをアクリレートモノマーを主体とした UV 硬化型の塗料に配合し，成膜した膜の断面 TEM 写真を図2に示す。成膜された被膜中でも 12 nm サイズの SiO₂ 粒子が高い分散性を保っていることが分かる。

これらの無機ナノフィラーの適用は，新たな機能付与に大きな可能性を秘めているが，それが配合されたフィルム全体の透明性の維持または発現が重要であることを考えると，その適用は容易ではなく，加えてそれが高い安全性や信頼性が求められる自動車への展開の場合，更に適用は難しさを増すことが予想される。しかしながら，仮に無機成分であるナノ粒子を有機樹脂中に透明性を確保しながら適用することができれば，透明樹脂だけでは発現できない新たな機能を付与することができる。次の項では，透明樹脂への機能付与について，実際の例を交えながら紹介する。

4.4 透明樹脂への機能付与
4.4.1 ガラス代替ハードコート

透明樹脂へのハードコート処理がコーティング剤によって施される場合，成膜による硬化収縮が問題になる場合がある。処理される透明樹脂基材との密着不良や，ハードコート膜のクラック

第2章　ハードコート技術

という形で現れる場合もあれば，透明樹脂基材が薄いフィルムの場合には，フィルム基材がハードコート膜側に筒状に丸まっていくカーリング現象として現れる場合もある。近年では，デバイスの薄型化，小型化，軽量化の傾向や，また画質の高精細化要求もあって，ディスプレイ分野で使用されるTAC（トリアセチルセルロース）や，PET（ポリエチレンテレフタレート）などのプラスチックフィルム基材の薄膜化が急速に起こっており，カーリングが大きな問題として顕在化してきている。

　このような中，光学的に透明でカーリングなく，且つ，ガラス並みの鉛筆硬度（9H）に近いハードコート性を実現できる材料が望まれている。薄膜プラスチックフィルム基材にコーティングする場合，ハードな被膜を得ようとして緻密な樹脂バインダーとすると，造膜中の収縮によるカーリングが問題となる。一方，ソフトなセグメントの導入は硬度を不足させる。硬度とカーリングを両立させるために，機能を分離させ，樹脂バインダー側にソフトセグメントの役割を担わせ，ナノシリカ粒子側にハードセグメントの役割を担わせる設計とすることでこれらの問題を解決できる場合がある。

　表2に，UV硬化樹脂バインダーには，特殊ウレタンアクリレート配合品を用い，ナノシリカ粒子には次の4つの表面処理タイプを用いて有機溶剤と開始剤などを配合した塗料を4種準備した。ここで用いた，ナノシリカ粒子は図1に示した粒子サイズが12 nmサイズで，メチルイソブチルケトン溶媒に分散したSiO_2濃度20%のものを基準に準備した。

Ⅰ．表面処理なし

Ⅱ．分散型表面処理

Ⅲ．結合型表面処理

Ⅳ．結合型表面処理Ⅱ

シリカナノ粒子を用いた表2の配合3の条件で，シリカ粒子配合量を変化させた場合の鉛筆硬度を図3に示す。40 μm厚TACフィルム基材上で，9 μm膜厚のハードコート膜を設けた場合，鉛筆硬度はシリカナノ粒子配合量と共に変化し，シリカナノフィラー量40%の時4H，60%の時5Hと，この条件下では2H～5Hの間で鉛筆硬度を任意にコントロールできることが分かる。

表2　UV硬化型ハードコート塗料

FORMULATION No.	Silica nano-particle	UV Resin	Photo Initiator	Solvent
1	Ⅰ	Specific urethane acrylate	1-Hydroxycyclo-hexyl phenyl ketone	Organic solvent complex
2	Ⅱ	Specific urethane acrylate	1-Hydroxycyclo-hexyl phenyl ketone	Organic solvent complex
3	Ⅲ	Specific urethane acrylate	1-Hydroxycyclo-hexyl phenyl ketone	Organic solvent complex
4	Ⅳ	Specific urethane acrylate	1-Hydroxycyclo-hexyl phenyl ketone	Organic solvent complex

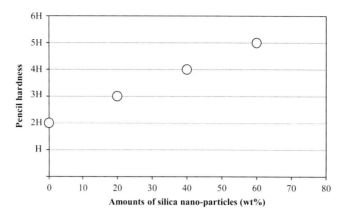

図3 シリカナノ粒子配合量と鉛筆硬度との関係
（表2中の配合3）

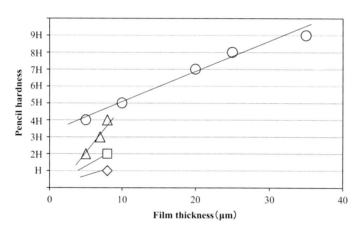

図4 表2中の各種ハードコート塗料における膜厚と鉛筆硬度の関係
（◇：配合1，□：配合2，△：配合3，○：配合4）

図4には，表2に示した各種のUV硬化型ハードコーティングの膜特性を示した。各種配合を用いて，膜厚を変化させた時の鉛筆硬度をプロットした。配合1の表面処理をしていないシリカナノ粒子を配合した場合（鉛筆硬度H）に比べ，表面処理したシリカナノ粒子を用いた配合2～4では，どれも高い鉛筆硬度を示しており，膜厚8μmの結果では，配合2が鉛筆硬度2Hを示した。更に結合型表面処理設計タイプの配合3，配合4では鉛筆硬度4Hを示し，分散型表面処理タイプの配合2よりも，より高硬度を示した。これは粒子とUV硬化樹脂とが結合して，一体化されたハイブリッド膜になっているためと考えられる。また，これらの被膜はソフトセグメントとハードセグメントの機能により設計されているため，40μm厚TACフィルムという薄いフィルム基材上でもカーリングのない被膜となっている（図5）。更に配合4では，薄いフィルム基材上でも更なる厚膜化が可能で，20μm膜厚で7H，30μm膜厚オーバーで9Hと，ガラス並み

第2章 ハードコート技術

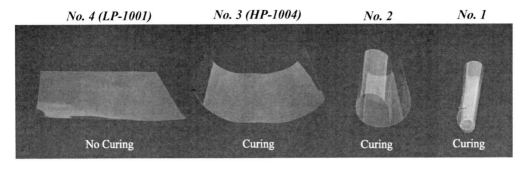

図5 表2中の各種ハードコート塗料を用いた被膜（12μm厚）のカーリング

表3 表2中の配合4（ELCOM LP-1001）の膜特性

Thickness (μm)	Transmission (%)	Haze (%)	Pencil hardness	Steel wool resistance	adhesion
35	93.0	≦0.1	9 H	OK	100/100

SUBSTRATE:40μm TAC FILM

表4 ELCOM LP-1005の膜特性

膜厚 (μm)	Haze[※1] (%)	全光線透過率[※2] (%)	鉛筆硬度 (500 g 荷重)	接触角 (°)	耐SW性（回数）(1 kg/cm²)	屈曲性（平行外巻き）	密着性
23	0.1 以下	92.7	9 H	107	5,000	16 mmφ	100/100

※基材：40μm厚 TACフィルム
※1 Haze：基材を除いた値を記載
※2 全光線透過率：基材込みの値を記載（基材全光線透過率：約93.0％）

の超高硬度を示すことが分かる。これは配合4においては，造膜中の収縮を分散させる設計になっているため，薄いフィルム基材上でも，カーリングやクラックなく，高硬度な被膜が得られるためだと考えられる。表3に配合4（ELCOM LP-1001）の膜特性を示す。

　また近年では，タッチパネル用途が増加していることもあり，鉛筆硬度と共に，耐擦傷性の高い材料が求められる傾向にある。鉛筆硬度と擦傷性は必ずしも比例関係にある訳ではなく，場合によっては相反する関係になることもあるため注意が必要であるが，そのことを考慮した設計を行うと，擦傷性として耐スチールウール試験（♯0000番SW）で1kg荷重×5,000往復無傷のハードコート膜を得ることができる（表4）。この時のポイントはナノ粒子を膜表面から突出させずに，いかに埋め込みよく造膜させる塗料設計にするかなどになる。

　以上のように，一次粒子径とその表面が制御された無機ナノ粒子を設計し，更にハードコート塗料も設計することで，傷付き防止性に難のある透明樹脂に硬度を付与することができる。更には，塗料や造膜過程も考慮した設計を進めていくことでガラスと同等の鉛筆硬度（9H）を付与することもできる。

4.4.2 透明性アンチブロッキング性付与

ロール to ロールでのフィルム巻きとり時や，タッチパネルでフィルム同士が接触する際に，フィルムがはりついて（ブロッキング）しまう現象が起こる。これを防止するために，アンチブロッキング型のハードコートが用いられる。通常，比較的サイズの大きい粒子で，フィルム表面に凹凸を設けて，物理的に接触面積を制御する方法が用いられるが，ヘーズ（散乱）発生が起こり，透明性が低下する。

このように，アンチブロッキング性を付与するニーズはあるものの，ワンコートで簡便に，しかも高い透明性を維持したまま，アンチブロッキング機能を追加することは実は容易ではない。

ポイントは，アンチブロッキング機能を発現し得る十分なテクスチャーを形成することと，そのサイズが透明性を保持できる程十分小さいことである。100 nm 以下のサイズの粒子を凝集させることなく膜表面に偏在させるか，それよりも小さなサイズの粒子でドメインを形成させてテクスチャーを形成させることなどが考えられる。

粒子の膜内配置を制御する必要があるため，条件によっては塗料中，および造膜中の粒子凝集を誘発しやすい。実際にナノ粒子を用いてアンチブロッキング機能付きハードコートを設計した結果を図6，7に示す。表面 AFM の結果から，非常に小さいピッチで表面にテクスチャーを形成できていることが分かり，このテスクチャーの効果で，このハードコート膜は十分なアンチブ

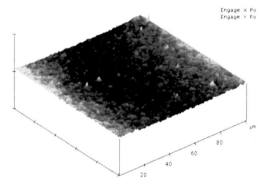

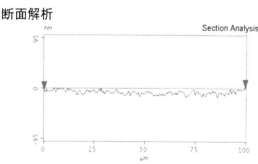

図6　微小凹凸タイプアンチブロッキング型ハードコート膜の表面 AFM

第2章 ハードコート技術

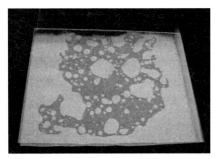

従来品(ブロッキング有)　　　　　　対策品(ブロッキング無し)

図7 アンチブロッキング型ハードコート膜

表5 低カール&アンチブロッキング型ハードコート(HP-1005AB)の膜特性

膜厚 (μm)	透過率 (%)	Haze (%)	鉛筆硬度 (1 kg 荷重)	耐SW性 (1 kg/cm^2×10往復)	接触角 (°)	密着性	アンチ ブロック性	カーリング
4	92	0.1以下	3H	OK	91	100/100	OK	0 cm

ロッキング性を有している。また，粒子凝集や大きすぎる凹凸もないため，透明性も非常に高い。

表5に示した特性のように，188μm厚のPET基材上に全光線透過率92%，膜ヘーズ<0.1%と非常に高い透明性を有する4μm膜厚のハードコート膜が形成され，十分な耐擦傷性を有し，鉛筆硬度3Hの高硬度で，しかも，アンチブロッキング性を有するハードコートが得られている。

4.4.3 低接触角性付与

タッチパネル用途などでは，ハードコート層の上に更に層を設けたり，接着剤(OCA)や樹脂(OCR)を貼り合せたりするため，低接触角(水に対し60°以下)タイプが求められる場合がある。

低接触角化の方法には，バインダーマトリックス側からのアプローチとして，①分子中に親水基を有するバインダーを用いる方法や②界面活性剤などの添加剤を添加する方法などがあり，膜構造側からのアプローチとして，③膜表面積(凹凸)を増大させる方法や④無機成分を活用する方法などがあり，どの手法も低接触角化には効果がある。しかしながら，実際に光学的なハードコートとして使用するために，高透明性，高硬度，低カール性を維持したまま，低接触角化を図るのは実は容易ではない。①は硬度とカーリング性のトレードオフ，②はブリードアウトによる膜の信頼性低下，③，④は透明性の低下が問題となる。

親水基を有する低接触角な有機樹脂バインダーに，表面設計したSiO$_2$ナノ粒子を配合して，造膜性を制御することで，膜表面にテクスチャーを形成させることで得られた被膜の膜特性(表6)とAFM像を図8に示す。このように，無機ナノ粒子を適用し，ハードコート膜表面にテクスチャーを形成することで，被膜接触角を60°以下に低減させるなど興味深い新たな機能を付与することもできる。

表6 低接触角タイプハードコートの膜特性

	接触角 (°)	全光線透過率（%）	ヘーズ (%)	鉛筆硬度 (500 g 荷重)	耐スチールウール性 (500 g/cm²×10 往復)	密着性	カーリング
低接触角タイプハードコート	58	92	≦0.1	4 H	○ (傷なし)	100/100	○ (≦2 cm)

※基材フィルム：40 μm 厚 TAC フィルム
※膜厚 8 μm
※全光線透過率：基材込みの値を記載（基材全光線透過率：93%）
※ヘーズ：基材を除いた値を記載
※カーリング：成膜したフィルムを 10 cm 角にカットして，ハードコート面を下にして水平面に置いた時の高さを測定

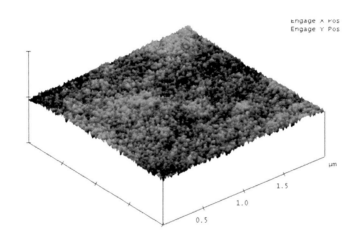

図8 低接触角タイプハードコート膜の表面 AFM

4.4.4 帯電防止性付与

静電気による埃付着での視認性の低下や，加工時のデバイスへの悪影響などで帯電防止能が求められる場合がある。また，最近ではタッチパネル市場の伸長と高性能化に伴い，表面抵抗値の厳密な管理の要求も強くなっている。

ハードコート膜の帯電防止能を付与する場合にもナノ粒子配合の技術を適用することができる[6,7]。導電性を有するナノ粒子の例として，ATO（Antimony doped Tin Oxide）粒子のTEM写真を図9に示す。8 nm サイズのATO粒子を用いて，導電塗料を設計すると，ATO粒子の配合度合に応じて，$10^8 \sim 10^{12} \Omega/\square$ レベルの高透明な被膜が得られる。

更に無色で高透明が要求される場合には，着色の小さい PTO（Phosphorus doped Tin Oxide）（図10）や，無色透明の五酸化アンチモン粒子（Sb_2O_5 粒子）（図11）を用いることもできる。

このように，ハードコート膜上に数百 nm レベルの薄膜で帯電防止層（Anti Static 層，AS 層）を設けることで，容易に帯電防止能を付与することができる。

また，ワンコートで硬度，帯電防止能，透明性を同時に付与する方法の場合，ハードコート層

第 2 章　ハードコート技術

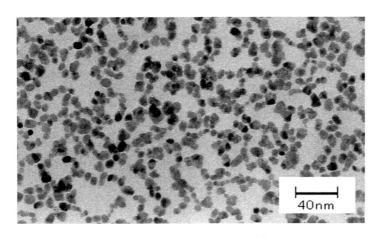

図 9　ATO ナノ粒子の TEM 写真

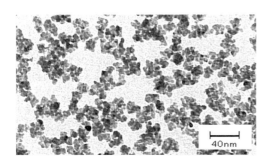

図 10　PTO ナノ粒子の TEM 写真

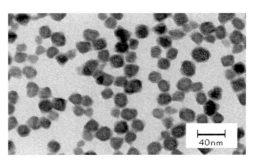

図 11　Sb_2O_5 ナノ粒子の TEM 写真

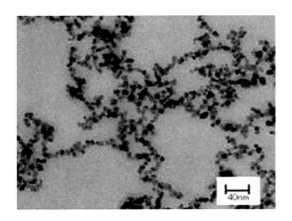

図 12　鎖状形状を有する ATO ナノ粒子の TEM 写真

としての数～10μm 膜厚への配合となり，着色，屈折率，コストの観点から，ナノ粒子の配合量をどこまで低くできるかがポイントとなる。仮に，ATO ナノ粒子を鎖状に連結させることがで

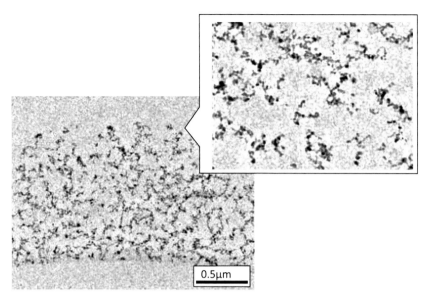

図 13 鎖状 ATO 粒子（低添加系）配合膜の断面 TEM

表 7 ATO 系高透明 ASHC 膜の特性

膜厚 (μm)	全光線透過率 (%)	ヘーズ (%)	表面抵抗値 ($\Omega/\square$)	鉛筆硬度 (500 g 荷重)	耐擦傷性 (耐 SW 性) (200 g/cm^2)	密着性	干渉縞
5	92	0.2	1.0E9	2 H	○	100/100	なし

※厚さ 80 μm の TAC フィルム（全光線透過率：93 %，ヘーズ：0.3 %）にバー#8 で塗布，80 ℃ 2 min 乾燥後，フュージョン製 UV 照射機で UV300 mJ/cm^2 照射し，塗膜を形成した（膜厚：約 5 μm）。
※全光線透過率，ヘーズとも基材を含んだ値を記載。

きれば，パーコレーション理論により，比較的低添加で帯電防止能を発現させることができる。

図 12 に鎖状構造に発達させた ATO ナノ粒子の TEM 写真を示す。実際にこのような粒子を用いて，透過率が 90 % 以上と高透明な $10^9 \Omega/\square$ レベルの帯電防止能を有する高硬度な AS ハードコート膜をワンコートで得ることもできる（図 13）[8]。表 7 に得られた膜特性を示す。各種の ATO 粒子がある中で，一次粒子が十分小さいナノサイズであるか，形状は鎖状か球状か，低配合で帯電防止能が発現できるかなどが選定のポイントになる。

4.4.5 反射防止性付与

テレビやカーナビゲーションなどのディスプレイにおける外光の映り込み防止や，デバイスの光取り出し効率アップを目的に，反射防止膜が用いられる。

一般的に LR（Low-Reflection）の反射率は 1.0 % 以下が求められるため，TAC 基材（n = 1.50）を用いる場合は，少なくとも n = 1.40 以下の低屈折率層が必要となる。この低屈折率膜にも無機

第 2 章　ハードコート技術

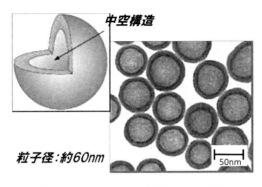

図 14　ナノ中空 SiO$_2$ 粒子の TEM 写真

図 15　ナノ中空 SiO$_2$ 粒子配合膜の断面写真

ナノ粒子配合型の有機無機ハイブリッド材料は有効である[9]。

中空 SiO$_2$ 無機酸化物フィラーを有機樹脂に配合した有機無機ハイブリッド塗料は，Core に空隙を有し，Shell が SiO$_2$ でできている Core-Shell 構造を有し，その粒子表面を有機樹脂バインダーに分散・結合するように設計された粒子を適用しているため，高硬度で透明性も高く，外観も良好な低屈折率膜を容易に得ることができる。図 14 にナノ中空 SiO$_2$ 粒子の TEM 写真を示す[10]。

図 15 に 60 nm 中空 SiO$_2$ 粒子を適用して低屈折率層を形成した断面 TEM 写真を示す。空孔を有した比較的均一な粒子が二列に制御された形で，密にパッキング良く配列されていることが分かる。得られた反射防止膜の反射率カーブを図 16 に示す。シンプルな単層反射防止膜構成で，ワイドバインドで反射率 1％ 程度の反射特性を示し，鉛筆硬度も高く，耐擦傷性，防汚性に優れた反射防止膜が得られる。

また，最近では更に低い粒子屈折率 1.1 台の中空 SiO$_2$ 粒子も設計されており（図 17），反射率 0.1％ 程度の AR レベルの反射防止膜も得られている（図 18）。

また，反射防止能の向上のために，高屈折率層との組み合わせも有効である。高屈折率な素材

139

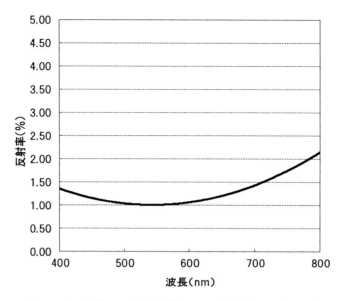

図16 ナノ中空 SiO₂ 粒子を適用した反射防止膜の反射カーブ

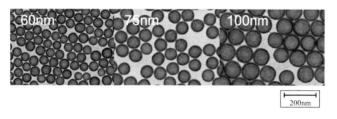

図17 粒度分布制御タイプ中空 SiO₂ 粒子の TEM 像

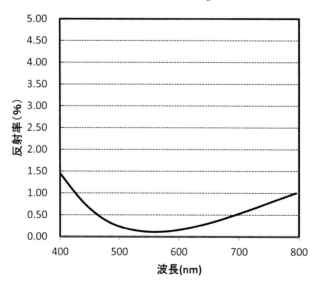

図18 ナノ中空 SiO₂ 粒子（n=1.20 タイプ）を適用した反射防止膜の反射カーブ

第 2 章 ハードコート技術

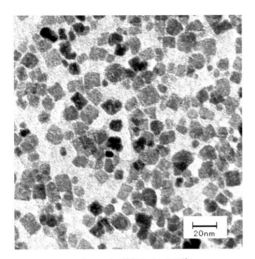
アナターゼタイプTiO₂ナノ粒子のTEM像

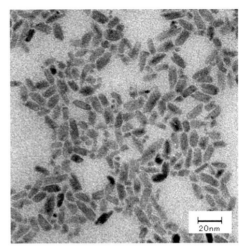
ルチルタイプTiO₂ナノ粒子のTEM像

図19　TiO₂ナノ粒子の TEM 像

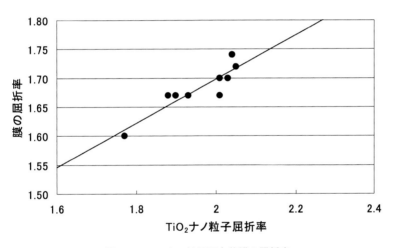

図20　TiO₂ナノ粒子配合薄膜の屈折率

として酸化チタン（TiO₂）や酸化ジルコニウム（ZrO₂）が知られている。酸化チタンは光触媒反応性を有しているため，TiO₂系ナノ粒子をナノサイズのままで複合化して，実質的に耐候性を付与する必要がある。

図19にアナターゼ結晶形を有するTiO₂ナノ粒子（粒子屈折率≒1.9）と，ルチル結晶形を有するTiO₂ナノ粒子（粒子屈折率≒2.0）のTEM写真を示す。また，これらの粒子を配合した被膜の屈折率の例を図20に示す。高屈折率を付与できる光学フィラーとして眼鏡のプラスチックレンズ用途や，反射防止用途に用いられている。また，図21には酸化ジルコニウム（ZrO₂）ナノ粒子のTEM写真を示す。ABO₃型酸化物のナノ粒子化も可能で，図22にはチタン酸バリウム

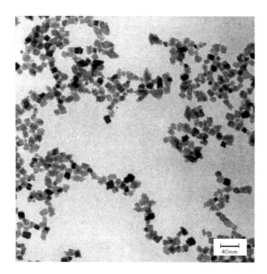 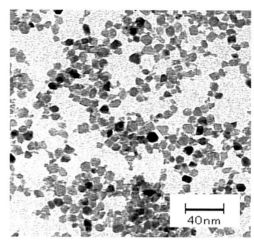

図21　ZrO$_2$ナノ粒子のTEM像　　図22　チタン酸バリウム（BTO）ナノ粒子のTEM

（BTO）ナノ粒子のTEM写真を示す。これらの高屈折率素材のナノ粒子は，被膜の透明性を維持したまま，屈折率調整が可能となる。

4.5　まとめ

　透明樹脂への機能付与として，無機酸化物ナノ粒子を適用した有機無機ハイブリッド型の機能性コーティング剤と，その実際の応用例を紹介した。現在，車体造形の面に加えて安全性，信頼性の面からも自動車の透明材料にはガラスが用いられることが多いが，二酸化炭素排出削減や，航続距離向上のための車両の軽量化が求められる中で，ガラスの透明樹脂への代替検討は加速していくものと思われる。透明樹脂の課題のひとつである傷付き易さをハードコーティングで補いながら，更に高機能化を進めていくことに無機ナノ粒子やそれを適用した有機無機ハイブリッド材料が利用されていく場面がますます増えてくることが考えられ，今後の更なる開発が期待される。

文　　献

1)　山根健，透明樹脂・フィルムへの機能性付与と応用技術，p.461，技術情報協会（2014）
2)　風間智英，化学経済，1，22（2018）
3)　安田武夫，自動車用先端材料の現状と展望，p.99，シーエムシー出版（2005）
4)　桐原修，機能性ハードコートにおける最適調整・設計・評価と将来展望，p.13，And Tech

第 2 章　ハードコート技術

　　　(2016)
5)　西井圭，透明樹脂・フィルムへの機能性付与と応用技術，p.3，技術情報協会（2014）
6)　平井俊晴，透明導電膜の新展開Ⅱ，p.243，シーエムシー出版（2002）
7)　小松通郎，透明導電膜，p.84，シーエムシー出版（2005）
8)　R. Muraguchi *et al.*, IDW'11, 1697（2011）
9)　村口良，光学薄膜の最適設計・成膜技術と膜厚・膜質・光学特性の制御，技術情報協会
　　　(2013)
10)　箱嶋夕子，村口良，触媒化成技報，**24**，53-62（2007）

5　ポリカーボネートなど透明樹脂への耐擦り傷性向上

桐原　修*

5.1　はじめに

　最近の自動車の軽量化要求の拡大にともない，業界専門誌のみならず，一般紙でも自動車用プラスチック部品やその原材料関連の記事をよく目にする。これら自動車用プラスチック部品には各種の分類方法があるが，外装用や内装用などの適用部位による分類と透明性の有無による分類が代表的である。不透明なプラスチック部品の代表は PP バンパーであり，透明なプラスチック部品の代表はポリカーボネート（PC）製ヘッドランプや PMMA 製リアランプである。最近は後述するルーフガラスのポリカーボネートへの代替え（PC グレージング）が注目されて，欧州を中心に進行している。これら透明材プラスチック部品へは傷つき防止・耐摩耗性を目的としたいわゆる「ハードコート」が多く適用されている。本稿ではその歴史・現状・将来を特に耐擦り傷性向上に焦点をあてて，その市場性・技術動向を説明する。その中で最近の有機・無機ハイブリッド塗装の可能性にも若干触れる。

5.2　ポリカーボネートとポリウレタン

　筆者が従事していた，バイエルマテリアルサイエンス（現コベストロ）はポリウレタン（PURと略す）と PC を二つのコア・ケミストリーとして，PC のペレットやシート・フィルム，PUR系コーティング材をもってハードコートの分野にかかわりを持っていた。ハードコート材料ではPUR 塗料・接着剤原料の一つで，UV 硬化樹脂であるウレタンアクリレートを製造していた。

　自動車用途にガラス代替（PC グレージング）も積極的に推進していた。その PC グレージングは欧州で約 30 年の歴史を持つが，PC 基材への耐摩耗性，耐溶剤性，耐候性付与が必須であり，後述するシリコーン系ハードコートが施されている。特に PC グレージングを推進するにあたり，ガラスや他の有力な高透明性のプラスチック材との比較は大切である。その例を表 1 に示した。

5.3　ハードとソフト

　まず本題の説明に入る前に概念としてのハードとソフトについて多少述べたい。これらの外来語は現在の日本で頻繁につかわれるし，単独以外に組み合わせた言葉も多用されている。例えばハードパン，ハードボイルド，ハードディスク，ハードコア，ハードロックなどなど。筆者の愛用しているワードパワー英英日辞典（増進会出版）によれば，hard とは定義 1not soft to touch; not easy to break or bend 触って柔らかくない：壊すまたは曲げるのが容易ではない，とあり soft の反対語とある[1]。

　Hard の似たような概念として，brittle があり，また soft と flexible も似ているが，前掲の辞

---

　*　Osamu Kirihara　HAEWON T&D Ltd.　顧問

第2章　ハードコート技術

表1　性能比較　PETG, PC, PMMA とガラス

	PETG	PC	PMMA	Glass
耐衝撃性	3	5	1	1
熱成型性	5	3	3	-
軽量化	4	4	4	1
加熱折り曲げ性	5	3	3	1
加工性	3	3	3	-
接着性	3	3	4	4
難燃性	3	4	1	-
耐化学薬品性	4	4	2	5
光学特性	3	3	4	4
表面硬度	2	2-4	3	5

5 = Excellent
4 = Very Good
3 = Good
2 = Fair
1 = Poor

典でも異なった説明になっているし，まったく同じ概念ではない。つまり hard と soft，brittle と flexible が対立する概念であり，多くの場合 hard で brittle，soft で flexible なものが多いが，そうでないものもあるので，これらの概念を混同しないことが肝要と考えている。

5.4　ハードコート・プラスチック塗装の歴史

　ハードコートとは機能性を付与した塗料，いわゆる機能性塗料の範疇にあり，一義的には耐摩耗性を付与した塗料・塗装の一つとしてある。しかし hard coat を辞書で調べても，学生用辞書，前述のワードパワー英英日には収録されていないし，Google でハードコートと日本語で入力すると，最初に検索されるのはテニスの hard court であり，その次に hard coat 関連の項目が出てくる。つまりプラスチックなり，フィルム，特に透明プラスチック，フィルム業界で一般的に使用されている言葉としてのハードコートもそれ以外の日常生活ではそれほど市民権を得ているとは思えない。更に塗料・塗装業界においても，ハードコートとしての統計は明らかにされておらず，通常塗料の組成別統計と用途別統計があるのみである。

　ハードコートはまれに金属に塗布することもあるが，そのほとんどは高透明性のプラスチックに塗布されるため，本稿では PC 用ハードコートに焦点をあてて説明する。その意味でハードコートは硬度を高めた耐擦り傷用塗料といえる。プラスチック用塗料と塗装の歴史をまず簡単に説明する。

5.4.1　プラスチック用塗料・塗装の歴史

　市場に登場した当初のプラスチック成型品は成形されたそのまま，いわゆる"無垢"の状態で使用されることが多かったが，プラスチックの表面保護，装飾などを目的に"塗装"が本格化したのは 1970 年代後半であった[2]。

　当初プラスチック用塗料は特殊塗料に分類され，世界的にもその開発・生産は少数の専業メー

カーによって担われていた。しかしバンパーなど大型自動車外装部品での RIM ウレタンの採用とそのボディー色での塗装・加飾が 1980 年代に本格化したのを契機に大手塗料メーカーのプラスチック塗装分野への参入を招き，メーカー数も欧米日の先進国で増大した。

5.4.2 プラスチック用塗料の種類と分類

各種分類が可能であるが，本稿では塗膜層別，化学組成別，硬化形式別に説明する。

⑴ 塗膜層

下層塗膜（プライマー，中塗り）とその上に塗装する上塗り（ベース，クリヤーなど）に大別できる。ハードコートは上塗りクリヤー塗料の一種である。

⑵ 化学組成

化学組成的にはアクリルラッカー系や 2 液ウレタン系（アクリル，ポリエステルポリオールのポリイソシアネート硬化）が主流で，プライマー用に塩素化ポリオレフィンやエポキシ系が一部使用されている。ハードコートの化学組成は後述する。

⑶ 硬化形式と硬化条件

ラッカー系は非架橋の常温硬化，2 液ウレタン系は常温〜80℃位までの強制硬化，メラミン硬化の 120〜140℃の低温焼付けに分類されるが，ポリシロキサン系のハードコートでは 140〜180℃の高温焼付けが必要である。二重結合を紫外線で開環，重合させる UV 硬化型もある。なおハードコートは現状ではシリコーン系と UV 系に大別されるが，詳細は後述する。

5.4.3 塗装工程

多種多様なプラスチック基材のうち塗装されるのは PUR，ポリプロピレン（PP），ABS，PC などであるが，世界市場での塗装化率は既に約 70％以上と推定している。ハードコートは透明性の高いプラスチックやフィルム・シートに適用されるので，PC 以外では PMMA，PET，レンズ用プラスチックなどに塗装されることが多い。

⑴ 前洗浄

塗装の成否の鍵といわれる素地密着は，プラスチックと塗料の相性と素地の清浄度合いに大きく影響されるため，塗装工程に入る前の洗浄が大切である。以前バンパーなどでは塩素系溶剤の蒸気洗浄が多用されたが，環境負荷が大きいため，現在は水洗浄やフッ素系溶剤洗浄に切り替わっている。

⑵ 塗装工程

素地の清浄後，塗装工程に入るが，前述した塗料の硬化形式により，工程は異なってくる。

⑶ 塗膜性能

プラスチック用塗料の要求性能は適用分野，製品提供メーカーの意向に大きく影響される。自動車用，家電，床ではプラスチック素材の種類も要求性能も大きく異なる。しかし，プラスチック塗装では耐衝撃性の保持が最も大切でと考えているが，プラスチックの耐衝撃性は塗装膜の付加により低減する傾向にある。各種の評価の末，プラスチック素材の性能保持には弾性塗膜が適切であると認識された。その他要求特性は各種成文や塗料メーカーの資料を参照されたい。

5.4.4 ハードコートの歴史

ハードコート適用の歴史は，プラスチックレンズの薄層の保護膜として1970年代にスタートしたが，透明プラスチックの用途拡大に伴いハードコートの適用分野，数量も増加してきた。1980年代から市場投入された光ディスクへのハードコートで市場拡大が顕著になった。また1980年代からのガラス製であった自動車のヘッドランプ（PCへ）やリアランプ（PMMAへ）のプラスチック化とその保護のためにハードコートが施された（図1）。更なる大型透明部品としてのサンルーフのPC化も欧州で1990年代から開始された（写真1）。また1979年に世界にさき

自動車ヘッドランプレンズ - ガラスからポリカーボネートへの進化

ガラス

BMW E34
1987-95

ポリカーボネート

BMW E39
1996-2003

ポリカーボネート

BMW E60
2003 -

1994: 欧州で最初の「マクロロン」ポリカーボネート製ヘッドランプカーバー（オペル オメガ）

図1　ヘッドランプカバーの遍歴

写真1　1.2m^{2}のPC大型パノラマルーフ

表2 傷つき防止塗料・ハードコートとは

■ **傷つき防止塗料とは**	■ 傷が付きにくくしたり，傷が目立たなくしたり，傷が自己修復する塗料の総称
■ **ハード（硬い）コートとは**	■ 表面硬度を増すことで，耐摩耗性を向上させる塗装系のこと
	■ 傷つき防止塗料に含まれる概念
■ **ハードコートの種類**	■ 熱硬化型のシリコーン樹脂系
	■ 紫外線（UV）硬化型のアクリレート系

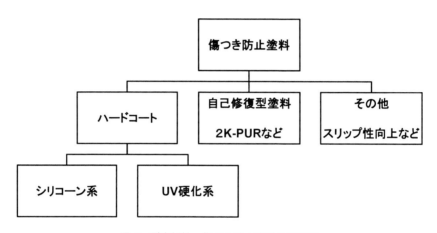

図2 耐摩耗性・傷つき防止塗料の系統図

がけて日本で実用化された携帯電話も，1990年代に普及が進みその筐体塗装も生産台数の増加による生産性向上の要求を受け，UV硬化型ハードコートに切り替わったのが前世紀末である。

これら適用拡大に伴い，ハードコートの定義もほぼ定着してきたため，その概要を表2にまとめた。またハードコートの位置付けを図2に示した。

5.5 ハードコートの現状
5.5.1 ハードコート概略

ハードコートの定義と位置付けは既に述べたのでハードコートの分類から説明する。一般的な塗料の分類が同じように適用される。具体的には化学組成，硬化形態，分散媒，用途，基材別などに分類可能である。しかし業界通念上は化学組成別の有機，無機，と硬化形態を組み合わせた，シリコーン系とUV硬化系に大別されていて，その特徴と比較を表3に示した。シリコーン系の特徴は耐摩耗性に優れることと耐久性であり，UV硬化系の特徴はその塗膜の速硬化性にある。

第2章　ハードコート技術

表3　ハードコートの比較

項目		シリコーン系	UV 硬化系
塗料	樹脂	オルガノポリシロキサン	多官能アクリレート
	可使時間	1～2ヶ月	6ヶ月程度
	硬化条件	70～130℃×1～2 Hr	室温×30 秒
塗装	雰囲気	＜60％R.H	
	被塗物形状	制限なし	平面に近いもの
	硬度	◎	○
	耐擦傷性	◎	○
	耐薬品性	○	△
	耐候性	○	△
	可とう性	△	○
コスト	生産性含め	△	○

（引用先：トコトンやさしい塗料の本，p.126 を元に）

詳細は表2を参照されたい。しかしシリコーン系とUV 硬化系の比較は学術的にはフェアーではない。なぜならシリコーンは化学素材を規定しているのに対し，UV 硬化系とはその硬化過程を規定しているからである。

　本稿では代表的なシリコーン系とUV 硬化系の材料的な詳細と今後更に注目を浴びる可能性のあるハイブリッド系について述べる。

5.5.2　シリコーン系ハードコート

　シリコーン系ハードコートは前述したようにグローバルな PC グレージングと欧米での PC ヘッドランプにその実績の多くを見る。その欧州での代表的塗料供給メーカーであるモメンティブ社の塗料の変遷とその概要を図3に示した。

　シリコーン系ハードコートはオルガノポリシロキサンを基体樹脂として，$RSiX_3$ や $RSiX_4$ を反応点として硬化させ，ガラスに似た Si-O-Si 結合が生成される。更に硬度を上昇させるためにコロイダルシリカも良く配合する。

　ただ耐光性を改良するための UV 吸収剤や UV 安定剤をこのハードコートに多量に配合することはできないので，屋外用途には，それらを適切に含有するプライマーの設計と適用が肝要となる。

5.5.3　UV 硬化系ハードコート

　UV 硬化型塗料用樹脂には，ウレタンアクリレート以外にも不飽和ポリエステルやエポキシアクリレートなどがあり，塗料配合には反応性希釈剤として低分子量アクリルモノマーが配合されている。

5.5.4　ハイブリッド型ハードコート

　有機・無機のハイブリッド塗装系自体は格段目新しいものではない。なぜなら普通の合成樹脂塗料のソリッド色やプライマーには無機顔料が従来から配合されているからである。特に体質顔料としてのクレーやタルクなどは樹脂成分と屈折率が近いので混合してもほとんど透明状態にな

自動車への展開を見据えたガラス代替樹脂開発

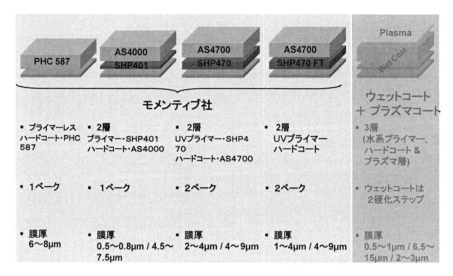

図3 PCへのシリコーン系 ハードコート例

り，かつ硬度を高め，研磨性を向上させる役割をもつ。しかしタッチパネルへのハードコートのように高い透明性を保持するハイブリッド型の塗装系の開発は新しいテーマである。これらは以下に大きく分類可能である。

① 有機バインダー／無機パーティクル
② 無機バインダー／無機パーティクル
③ 有機バインダー／無機バインダー／パーティクル

5.6 ハードコート材料の技術動向

現在要求されている技術動向は，更なる耐擦り傷性の改良などの物理特性の向上と，光学特性，電気特性，耐化学薬品性や耐指紋性，熱特性などの一次物性改良と耐久性，耐光性，耐候性，耐水耐熱サイクル性，などの二次物性改良，それと成形性・加工性にかかわる特性，常温硬化性，折り曲げ性などに分類できる。以下個別に後述するが，その機能性ハードコート設計のポイントはやはりバインダーの選定と組み合わせるナノ粒子の選択にあるため，そのUV硬化型材料の中でキーとなるウレタンアクリレートとハイブリッド系について概略を説明する。

5.6.1 ウレタンアクリレート

市場製品のほとんどは不飽和脂肪族および芳香族ウレタンアクリレートで，これらのアクリル基含有ポリウレタン（図4）は，モノマーイソシアネートおよびポリイソシアネートから合成される。オリゴマー性状—粘度や官能度，反応性，機械特性，耐候性挙動など—は幅広く設計可能である[3]。

ウレタンアクリレートを配合したUV硬化型は，粉体，無溶剤型，溶剤型，水性の塗料に存在する。ウレタンアクリレートを配合すると，ポリウレタン塗料が具現する標準的な性能，耐久

第2章　ハードコート技術

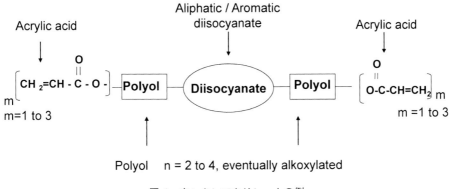

図4　ウレタンアクリレートの例

性・柔軟性・耐摩耗性・密着性などがUV硬化型の場合にも得られる。

　一般的なUV硬化型ウレタン塗工材は，反応性オリゴマーであるウレタンアクリレートを主成分とし，アクリルモノマー，光開始剤が配合されて，高圧水銀ランプやメタルハライドランプのUV照射により，秒単位で硬化する。高架橋ゆえの耐擦り傷性を確保できる[4]。

5.6.2　デュアル・キュアーとその応用事例

　ウレタンアクリレート骨格中に鎖延長反応に寄与した活性イソシアネート基と不飽和のアクリル基を併せ持つオリゴマーも開発された。これらオリゴマーは，UVにより不飽和官能基が重合するとともに，イソシアネート基も反応する（図5）。イソシアネート基は，塗料中に配合されているポリオールの水酸基や，被塗物表面の活性水素基と反応することができる。後者の例は，実際に良く使われていて，UV硬化塗膜の木製品への密着性を向上させる。過剰なイソシアネート基は，水との反応により，強靱なポリウレア結合を生成する。

　このような二種類の硬化方法を併せ持つデュアル・キュアーは，UV硬化による迅速な硬化・高生産性のみならず，ポリイソシアネートのポストキュアーにより，以下の改良ができる。

- 陰の部分の硬化
- 密着性
- 機械特性と耐化学薬品

このためハードコートの改質に非常に有用と考えている[4]。

5.6.3　ハイブリッド系の概略

(1)　有機バインダー／無機パーティクル

　この系は自動車上塗りの2液型PURクリヤー塗装に実績があり，耐擦り傷クリヤーとして市場に投入されている。米PPG社のセラミクリヤーが有名である。これはPURの構成成分であるアクリルポリオールに無機ナノパーティクルを分散させて，それをポリイソシアネートで硬化させたPUR塗装系であるが，非常に優れた耐擦り傷性を発露している。その概念を図6に示した。

　この手法をUV硬化型塗料に持ち込み，耐摩耗性と耐久性を向上させる試みは各社で鋭意す

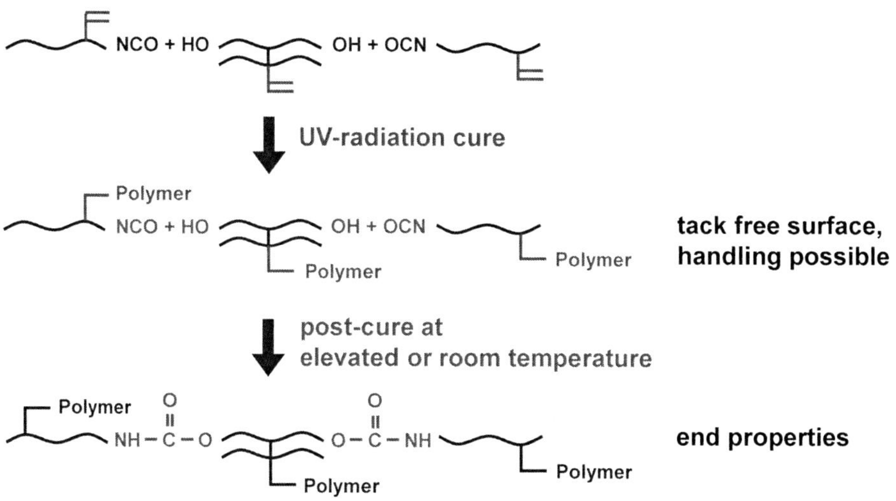

自動車への展開を見据えたガラス代替樹脂開発

図5　デュアル・キュアーの硬化例

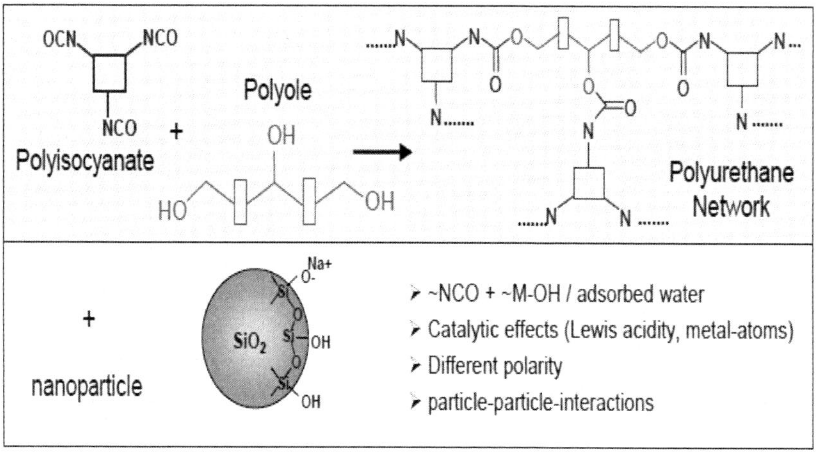

図6　ナノ粒子の PUR 塗装系への適用

められている[5,6]。

(2)　無機バインダー／無機パーティクル

この試みはバイエル社で検討されたが，市場展開できなかった。

(3)　有機バインダー／無機バインダー／パーティクル

シリコーン系でのハイブリッド型の開発は日本のメーカーを中心に進められていて，低温硬化などの一定程度の進捗がみられる。詳細は各種報文を参照されたい[7~11]。

第2章　ハードコート技術

5.7　高機能化／耐擦り傷性向上など

ここではその代表的なものを幾つか取り上げてその概要と材料系を説明する。その前に現在普及している耐摩耗性の評価方法を概説する。各種の評価方法が存在するが（図7），特にテーバー試験が有名である。しかしPCのグレージング用での評価としては不十分であるとの見解から実際の洗車機をシュミレートする評価が多用されている（図8）。

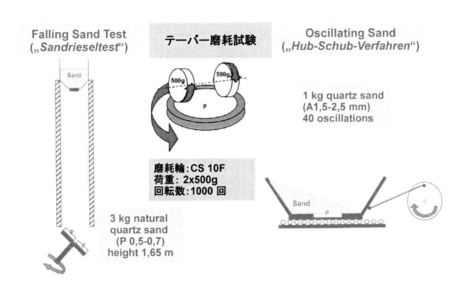

図7　耐摩耗性試験

相関性[1]

1洗車試験サイクル
〜実使用の2年に相当[2]

条件

- 1,5 g 石英パウダー / 1 L 水道水
- 2,5 – 3 hPa 水圧
- 洗車サイクル: 10 ダブル・ストローク

[1] ボディーパネル用クリアーコートの経験に基づく相関性
[2] 毎週洗車の場合（汚れ，ワックスなど，その他の因子により異なる）

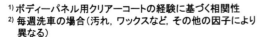

図8　洗車機試験—Amtec Kistler（DIN 55668）

153

5.7.1 更なる耐擦り傷性改良

既にハードコートが耐擦り傷性塗料の一つであるとの位置付けは示したが，現状の耐擦り傷性に満足できない分野もある。その分野では幾つかの方向で耐擦り傷性の改良を図っている。それは大きく二つの流れに大別される。一つは更に硬くする方向であり，もう一つは自己修復性を導入することで耐擦り傷性を改善するものである。この二つを個別に説明する。

(1) 高硬度獲得

ガラスは傷つきにくい→ガラスは高硬度だ→ガラスのような高度にすれば傷はつきにくいはずだの論理で高硬度を目指すものである。ただ硬度をどのような測定法で計測するかがポイントである。フィルムなどでは鉛筆硬度測定が一般的に広まっている。ただ硬度測定は種類，方法が多岐にわたるので，報文を参照されたい。

この目的に向けては基体樹脂そのものの架橋などで高硬度を獲得するもの，無機—有機ハイブリッド，ナノ粒子の活用などいくつかの手法がある。一部説明する。

- 架橋密度を上げる：UV 硬化塗料での架橋密度を上げ，更に硬度の出やすいモノマーの使用で鉛筆硬度 7 H～8 H が可能との報文もある。
- 有機基体樹脂に無機成分を配合して透明性を保持しつつも，硬度を上げる手法
- 上項の無機成分でナノ粒子を選択することにより，更なる効果を期待する手法

この手法は塗膜生成後の補修が難しいので，補修が一般的でない用途，フィルム，小物などに適用しやすい。

(2) 自己修復性

前項とは逆の方向であるが，特に 2K-PUR の塗料の特性を活かし，表面硬度を上昇させずに，自己修復性を獲得するものである。塗膜の架橋密度を上げ，かつセグメントの可撓性を確保することで可能となる[12]。またこの系にナノ粒子を配合することもあることは前述した。この塗料は低温研磨などで補修が可能であるので，補修の必要な大型部品や自動車塗装などに適し，現実の適用例も多く見られる。

5.7.2 光学特性

もともと透明プラスチックの保護に適用されたハードコートであり，かつ歴史的にもプラスチックレンズ，光学ディスク更にはディスプレー，タッチパネルへの適用がハードコートの重要性を高めてきたといっても過言ではない。特に最近のタッチパネルへのハードコートしたフィルムの適用が更なる光学特性の要求をもたらした。具体的には高屈折，低屈折の要求がある。

高屈折は高屈折プラスチック素材の登場とその塗装に，低屈折は反射防止膜に有用な要素となる。おのおの基体樹脂の変更，ナノ粒子の選択などにより達成されているし，更なる改良が継続されている。シリコーン系ハードコートと UV 硬化系の両方での対策が取られている。

5.7.3 高耐久性の必要要項

一般的に高耐久性とは一次物性が長期に保持されることをいうが，もちろん初期物性・一次物性そのものもあるレベルになければ，話にならないのは当然である。ハードコートの高耐久性は

第 2 章　ハードコート技術

以下にまとめられるだろう。

- 耐摩耗性，耐擦り傷性の長期継続
- 屋外暴露に長く耐えうること
- 高温・高湿下での優れた耐加水分解性
- 各種耐溶剤性・化学薬品性の長期保持

文　　献

1)　ワードパワー英英和辞典，p.771，Z 会出版（2002）
2)　Ulrich Meier-Westhues, "Polyurethanes Coatings, Adhesives and Sealants", pp.181-190, Vincentz（2007）
3)　W. Fischer, 第 12 回フュージョン UV セミナー予稿集
4)　桐原修，機能性アクリレートの選び方・使い方事例集，pp.161-170，技術情報協会（2010）
5)　立花誠，サイエンス＆テクノロジーセミナー，セミナー資料，UV 硬化型ハードコート剤への機能付与と高硬度化（2011）
6)　斉藤誠一，技術情報協会セミナー，セミナー資料，高耐熱性・透明性樹脂のプラスチックレンズ，光学部品への応用（2010）
7)　佐熊範和，技術情報協会セミナー，セミナー資料，無機・有機ハイブリッドハードコートの設計と特性付与（2011）
8)　姜義哲，技術情報協会セミナー，セミナー資料，無機・有機ハイブリッドハードコートの設計と特性付与（2011）
9)　土沢健一，技術情報協会セミナー，セミナー資料，機能性ハードコート剤の設計と用途展開（2011）
10)　行木啓記，サイエンス＆テクノロジーセミナー，セミナー資料，プラスチックレンズ用有機・無機複合体ハードコートの開発（2011）
11)　新日鐵化学，シルプラス技術資料
12)　桐原修，第 66 回高分子年次大会，発表資料（2017）

第3章　自動車への展開

1　ナノ構造制御による耐衝撃性向上 PMMA のガラス代替用途への展開

宮保　淳*

1.1　はじめに

　アクリルもガラスも透明で脆いという共通点を持っているが，その使途には大きな違いがある。ガラスは樹脂の30倍程度の弾性率を持ち，硬くて不燃性であるため，安全性が重要視される大型の透明部材では抜群の存在感を示す。一方，アクリルのみならず樹脂材料はその軽量性，加工性，量産性を武器に金属材料や無機材料の一部用途を置き換えてきた。アルケマ社は，アクリルのグローバルリーダーとして新規重合技術の開発および新たな機能性付与を通した市場の開拓に注力してきた。本稿では，アルケマ社が開発した新規ナノ構造 PMMA 材料によるガラス代替に向けた用途展開事例を紹介する。

1.2　透明樹脂としてのアクリル

　アクリル樹脂の最大の特長はその透明性と汎用性である。なかでもメチルメタクリレートの重合によって得られるポリメチルメタクリレート（PMMA）はその優れた耐候性も相まって，日本国内では2010年に約23.9万トン[1]（成形材料18.1万トン，押出板3.3万トン，注型板2.5万トン），世界では約100万トンが生産され，自動車の内装材やリアランプカバー，遮音板，看板，浴槽，ディスプレイ導光板といった用途に多用されている。

　アクリル以外にも数多くの透明樹脂が生産されており，それぞれの特性を活かした用途展開が行われているが，各透明樹脂固有の特性は使用するモノマーやポリマーの構造に由来するものであり，透明性そのものを発現する原理は共通である。ポリマーを透明化するには，アモルファス構造にするか，結晶化させても結晶サイズを可視光以下の波長に抑えればよい。しかし後者の場合，成形条件や成形後の保存状態により結晶サイズが成長する可能性があるため，実使用条件で透明性を長期間にわたって維持するのは容易ではない。従って，多くの透明樹脂は立体障害の大きいモノマーを使用するか側鎖へ置換基を導入して結晶化を阻害することによりアモルファス構造を発現している。

　透明性と汎用性という観点から見ると，アクリルと常に比較されるのがポリカーボネート（PC）である。表1に PMMA と PC の代表的な物性をガラスの物性とまとめて示した。まずガラスと樹脂の物性を比較してみると，ガラスが剛性，耐熱性，硬度，低膨張率，価格の点で樹脂を凌駕する一方，軽量性，熱伝導性では樹脂が優れていることが理解できよう。

---

　*　Atsushi Miyabo　アルケマ㈱　取締役副社長

自動車への展開を見据えたガラス代替樹脂開発

表1　ガラスと樹脂の物性比較

	単位	ガラス	PC	PMMA
密度		2.5	1.20	1.19
ガラス転移温度	℃	—	145	107
光線透過率	%	90〜91	87〜89	92〜93
屈折率		1.52	1.59	1.49
屈折率温度依存性	℃$^{-1}$	2.0×10^{-6}	1.2×10^{-4}	1.1×10^{-4}
アッベ数		21〜83	31	57〜58
アイゾット衝撃強さ	kgf cm/cm	—	80〜100	2.2〜2.8
ビッカース硬度	N／mm^2	5374	127	196
ロックウェル硬度	（M）	—	70	80〜100
鉛筆硬度		9 H	2 B	2 H
熱変形温度*^{1}	℃	500〜720	138〜142	100
使用温度帯	℃	最高700	−40〜125	−60〜80
弾性率	G Pa	72	2.1〜2.5	3.1
飽和吸水率	%	—	0.4	2.0
線膨張係数	$\times 10^{-6}$/℃	8.5	90	60〜70
熱伝導率	W/(m K)	1	0.2	0.16〜0.24
標準価格（平板）	ガラス＝1	1	2.5〜3.5	2〜3

＊1　18.5 kgf/cm^2

　PMMA と PC を比較した場合，PMMA の最大の特長は透明性と耐候性である。PMMA の優れた透明性は，サイズが異なるメチル基とカルボキシメチル基を有する立体的に不規則な構造に由来し，耐候性は酸化反応を阻害する α 位のメチル基に由来している。PMMA が“プラスチックの女王”とか“有機ガラス”といわれるのも，多くの用途がこの2つの特長を活かしたものであるためである。また，PMMA は PC よりも硬度が高いために耐スクラッチ性が優れていることも重要な特長である。さらに，研磨による表面の修復が可能であることもユニークな特長といえる。その一方，PMMA は耐衝撃性，難燃性，耐熱性の点で PC より劣っている。PC に導入されている芳香族環（ビスフェノール A 骨格）は結晶性の阻害，難燃性向上，耐熱性付与という点では寄与しているが，耐候性という点では不利に作用する。PMMA と PC は共に透明樹脂であるが，これらの特徴を活かした用途への住み分けが行われているといえる。

1.3　アクリルの高機能化技術

1.3.1　既存の高機能化技術

　アクリルの長所を維持しつつ，欠点を補うための努力は古くから行われている。耐衝撃性を改善するための最も代表的な技術は，ゴム成分を核に，アクリルと相溶性を持つ成分を外層に持つコアシェル型の改質剤や熱可塑性エラストマーを添加するものである。前者の場合，透明性は内外層成分の屈折率をアクリルと一致させることにより達成している。柔軟成分が加わるために耐衝撃性は向上するものの，トレードオフとして剛性や硬度の低下が起こる。また，コアシェルの構造やサイズによって透明性が低下する可能性がある。特に，屈折率が温度依存性を持つためゴ

ム成分とPMMAの屈折率の差が温度変化と共に変化し、ヘイズを生じる場合がある。一方、耐熱性を向上させるための方策として、極性が高く嵩高い構造を有するコモノマーを導入する方法が採用されている。

1.3.2 アルケマのアクリル高機能化技術

(1) リビング重合

アルケマ社の保有するアクリルの高機能化技術は、リビング重合技術によって得られるナノレベルのアクリル系ブロックコポリマーを基礎としている。リビング重合はリビングラジカル重合とリビングイオン重合に分類され、前者はATRP（Atom Transfer Radical Polymerization、原子移動ラジカル重合）、RAFT（Reversible Addition Fragmentation Chain Transfer、可逆的付加解裂連鎖移動）、NMP（Nitroxy Mediated Polymerization、ニトロキシラジカル媒体重合）に分類される。リビングラジカル重合は懸濁重合や乳化重合のような不均一系での反応も可能であるため工業的汎用性が高い。

アルケマ社では、既存のNMP型リビングラジカル重合の欠点であった反応速度の遅さとモノマーの制限の克服を目的として独自の重合触媒の探索を行った結果、β位に水素を持ち、かつ高い立体障害を持つニトロキシドラジカルが安定性と再解離の優れたバランスを持つことを見出し、ラジカルトラップ剤をSG1、メタクリル酸との結合体をBlocBuilder® MAと命名した（図1）。

SG1はアクリル系、スチレン系の重合制御に優れ、メタクリル系においてもごくわずかのスチレンモノマーを混合することによりリビング的な重合が可能であることがわかっている[2]。BlocBuilder® MAは解離温度が低く（スチレン系：90～100℃、アクリレート系：110～120℃）、ラジカル発生部と生長末端制御部に解離するためラジカル発生剤の添加は不要である。

このような特性を活かし、アルケマ社ではBlocBuilder® MAを用いたアクリル系ブロックコポリマー（製品名Nanostrength®）の開発に注力してきた。Nanostrength® MAMシリーズは両側にハードブロックのポリメタクリル酸メチル（PMMA）、中央にソフトブロックのポリアクリ

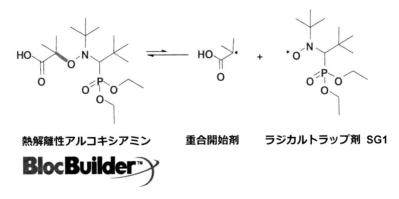

図1　アルケマ社のリビングラジカル重合触媒

自動車への展開を見据えたガラス代替樹脂開発

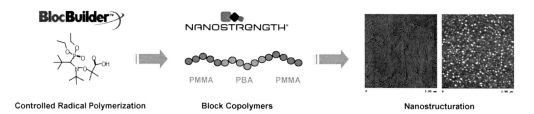

図2 アルケマ社のリビングラジカル重合技術

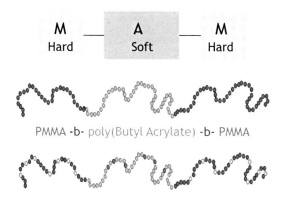

図3 Nanostrength® MAM の構造

ル酸ブチル（PBA）のブロックを有する A-B-A 型トリブロックコポリマーである（図2）。

　ブロックコポリマーは一般的なラジカル重合で製造されるランダムコポリマーとは異なる多くの興味深い性質を持つ。例えば，ランダムコポリマーの場合組成を反映した一つの Tg しか示さないが，Nanostrength® MAM シリーズは PBA および PMMA ブロックに由来する約-40℃と約110℃の二つの Tg を持つ。また，本来相溶しない PMMA と PBA が一定の長さを持って化学的につながっているため，内部では規則的なナノレベルの相分離構造をとることがわかっている（図2）。ラメラやミセルなどの相分離モルフォロジーやそのサイズはそれぞれのブロック長，ハード／ソフト組成，分子量と密接に関連していることから，リビング重合がナノ相分離構造制御の鍵であることは明らかである。また，リビングラジカル重合を用いると極性基や反応基を有する特殊モノマーを任意のブロックに導入することも可能である。官能基を位置選択的に導入することにより，効果的な機能性の付与が可能となる（図3）。

(2) アルケマのアクリル系ブロックコポリマー

　アルケマ社では，制御された構造を持つブロックコポリマーが樹脂中にナノ構造を形成すると透明性や耐熱性のトレードオフなしに樹脂の耐衝撃性が向上することに着目し，耐衝撃性向上の新しい手法として提案している。その具体的な実績として，エポキシ樹脂での具体例を紹介する。

第3章　自動車への展開

エポキシ樹脂に耐衝撃性を付与する技術としては，硬化前のエポキシに CTBN（カルボキシ末端ブタジエンニトリルゴム）を相溶化させた後に相分離を起こしながら硬化させ，数マイクロの大きさを持つドメインを形成させる方法や，コアシェル型の改質剤を添加する方法などが知られている。しかしながら，前者は可とう性付与や接着性向上に有利であるが，低 Tg のゴムを混ぜるため，樹脂の耐熱性や弾性率が低下してしまうことが多い。また後者の場合，硬化後の透明性や耐熱性に優れるが，サブミクロンサイズの粒子をエポキシ中に分散させて硬化するため，コアシェル型の改質剤を一次粒子の状態で安定して分散させることが難しい。

アルケマ社の Nanostrength® MAM シリーズは完全な熱可塑性樹脂であり，エポキシと相溶性のよい PMMA ブロックを両端に持つため，硬化前のエポキシ中で加熱混合することで簡単に溶解させることができ，その溶液は長時間放置しても非常に安定である。エポキシ樹脂が硬化するに伴い，エポキシと PMMA ブロックが絡み合ったマトリクス相と，PBA ブロックのゴム相に自己組織的に相分離する。PBA ブロックの長さが均一であるため，自発的に非常に均一なサイズのゴム相を形成することができる。ビスフェノール A 型のエポキシ樹脂に Nanostrength® MAM シリーズを 10％添加することにより，Tg を低下させることなく破壊靭性 K1c および破壊エネルギーG1c をニート樹脂と比べて格段に向上できることが判明している[3]。

1.4　ガラス代替に向けたアルケマの新規ナノ構造 PMMA シート　ShieldUp®
1.4.1　開発の背景

アルケマ社では，これまで培ってきた NMP 型リビングラジカル重合技術およびブロックコポリマーを用いたエポキシ樹脂などのモルフォロジー制御技術をベースに，PMMA の新しい市場開拓の可能性を検討してきた。もし自己組織化という"分子が持つ力"を利用して PMMA の改質を行うことができれば，簡便でコスト的にも有利なプロセスでこれまでの技術では得られなかった特性が発現するかもしれない。

その一方，これまでガラスの独壇場であった自動車グレージング（ガラス）において軽量化を目的として PC が提案されているが，技術的，コスト的課題も多いことが指摘されてきた。もしブロックコポリマーによって改質されたアクリルが要求を満たすならば自動車グレージングの樹脂化を促進するブレークスルーとなるかもしれない。このような背景から開発されたのが次世代のナノ構造 PMMA シート ShieldUp®（シールドアップ）である[4]。

1.4.2　ShieldUp® の製造方法

ShieldUp® は，前述した BlocBuilder® MA 由来の活性点を持つ特殊なエラストマーとメタクリル酸メチル（MMA）を混合し，セルキャスト重合することによって得られる。MMA を主成分としたアクリルの重合が特殊エラストマーの末端が解裂して発生したラジカルを起点として進行することにより独自のナノ相分離構造が形成される。図4は原子間力顕微鏡（AFM）を用いて観察した ShieldUp® 内部のモルフォロジーを既存のコアシェル型材料を用いて改質したものと比較したものである。濃い色が示すエラストマー部分と薄い色が示す PMMA がナノレベルで

自動車への展開を見据えたガラス代替樹脂開発

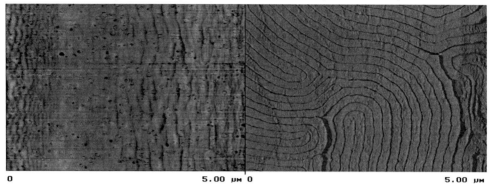

図4 コアシェル改質耐衝撃PMMAキャスト板（左）とAltuglas ShieldUp[R]（右）

規則的に連続して交互するラメラ構造をとっていることがわかる。

　ShieldUp[R]は既存のセルキャスト重合設備をそのまま用いて製造することができる。典型的な製造条件は通常のセルキャスト重合と同等（例：60～80℃，数時間）である。現在のアルケマ社での製造プロセスでは厚さは3～12 mm，大きさはサイズは2.03×3.05 mまで対応が可能である。得られたShieldUp[R]は従来のPMMAキャストシートとほぼ同じ製造条件で熱加工が可能である。

1.4.3　ShieldUp[R]の特徴

　ShieldUp[R]が有するエラストマー成分とPMMAのナノレベルの規則的なラメラ構造は，これまでのPMMAの改質技術では得られなかった特性を示す。大きな特長は，コアシェル改質剤では得られなかった耐衝撃性，広い温度領域に渡る透明性の維持，耐化学薬品性の向上である。

　図5は落錘衝撃試験の結果を比較したものであるが，ShieldUp[R]は従来の耐衝撃性アクリル板に比べ二倍近くの飛躍的な耐衝撃性を示すことがわかる。従来のコアシェル改質剤はミクロンレベルであるが，ShieldUp[R]のエラストマー成分はナノ構造で分布しているためよりエネルギーを吸収できる。ShieldUp[R]の他の特性を表2に示す。エラストマー成分の存在によりビカット軟化点が若干低下しているものの，基本的にPMMAの特性を保持しつつ，耐衝撃性は大幅に向上していることがわかる。なお，ShieldUp[R]の弾性率は自動車樹脂グレージング用途を考慮してPCのそれに合わせて分子設計が施されており，1.6.1項で後述するように幅広い領域でコントロールが可能である。

　物質の屈折率は温度依存性を有するため，多成分系ポリマーでは温度が変化することにより屈折率の差が増大してヘイズを生じる場合がある。図6にShieldUp[R]と従来のコアシェル型の改質PMMAのヘイズの比較を示す。ShieldUp[R]のナノレベルのラメラ構造は数10 nmの大きさであるため温度上昇によって屈折率に差が生じても可視光の波長以下であるためにヘイズを生じないことがわかる。

162

第3章　自動車への展開

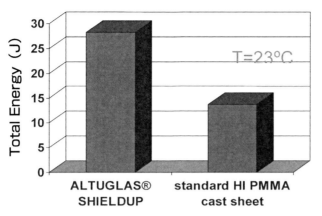

*板厚 6 mm, 落下高さ 1m, 錘重量 23.5 kg, 衝撃速度 4.43 m/s

図5　ShieldUp®とコアシェル改質PMMAの落錘衝撃試験

表2　ShieldUp®の代表的物性

	単位	測定方法	キャスト法 標準PMMA	コアシェル改質 耐衝撃PMMA	アルトグラス ShieldUp®
密度		ISO 1183	1.19	1.18	1.17
飽和吸水率	%	ISO 62	0.30	0.30	0.36
曲げ弾性率	GPa	ISO 78	3.30	3.00	2.50
破断強度	MPa (5 mm/min)	ISO 527	76	—	50
破断伸度	% (5 mm/min)	ISO 527	6	—	10
ノッチ無シャルピー 衝撃強度	KJ/m^2	ISO 179 2eU	12	30	50
ノッチ付シャルピー 衝撃強度	KJ/m^2	ISO 179 2eA	1.4	2.0	2.8
ビカット軟化点 (50 N)	℃	ISO 306	115	110	106
光線透過率	%	ASTM D1003	>92	>92	>92
ヘイズ	%	ASTM D1003	0.1	<1	<1

　ナノレベルのラメラ構造は耐化学薬品性の向上にも寄与する。図7は，各種溶剤でストレスクラック試験を行った結果である。ShieldUp®の場合，ストレスクラックが生じるまでの時間が長くなっていることがわかる。ポリマー材料の化学薬品による劣化はストレスクラックに起因する場合が多いが，ShieldUp®の持つPMMAと柔軟成分がラメラ構造で存在しているため，PMMA領域で発生したストレスクラックがエラストマー成分でブロックされ，亀裂が伝播しないためと推察される。

　このようにShieldUp®はその独特のナノレベルのラメラ構造により，PMMAの長所を維持しつつ，従来の改質PMMAでは得られなかった新たな特性が付与されていることがわかる。

163

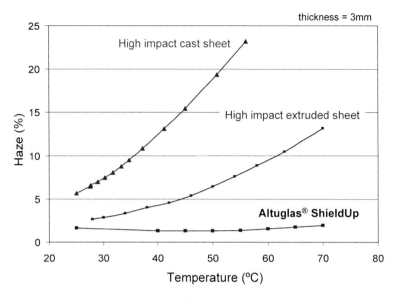

図6　ShieldUp® のヘイズ温度依存性

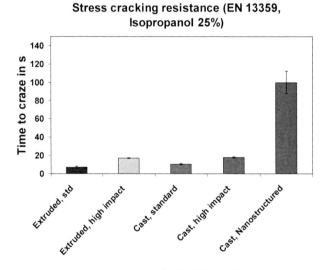

図7　ShieldUp® の耐薬品性試験

1.5　ShieldUp® の自動車用グレージングへの用途展開
1.5.1　自動車用樹脂グレージングの現状

　そもそもグレージング（Glazing）とは Glass の動詞形（Glaze）に由来する言葉であり，ガラスの取り付け（はめこみ）および取り付けられたガラスを意味する。ISO 規格でも"窓ガラス"でなく"グレージング"という表現が用いられている。現在自動車のグレージングはフロントガラス，サイドガラス，リアガラス，サンルーフなどで一台あたり面積にして 3～4 m^2，重量で 25～

第3章　自動車への展開

　30 kg が使用されているといわれており，自由度にも限界があるため樹脂化による軽量化，デザインの自由化，周辺部品との一体化やモジュール化が最も期待されている部品の一つである。また，一般に 10% の軽量化により 6〜7% の燃費が向上するといわれており，ハイブリッド車（HV），プラグインハイブリッド車（PHV），電気自動車（EV）など二次電池を用いる自動車においては軽量化が航続距離に大きな影響を及ぼすため，樹脂グレージングに対する期待は大きい。

　樹脂グレージングの流れは 2000 年ごろからヨーロッパで始まった。確実な視認性と合わせガラスによる飛散防止が要求されるフロントガラスと運転席の左右の部位にはガラスが用いられているが，窓やサンルーフなどには樹脂グレージングが既に積極的に採用されている。日本でも，ヨーロッパと同時期からリアクオーター窓やサンルーフに採用されているが，ヨーロッパに比べると採用実績は少ない。

　求められる性能は規格として定められており（日本では JIS R3211，ヨーロッパでは ECE R43），自動車会社が独自に定めている試験もあるが，1.2 項で述べたとおり PC は耐スクラッチ性と耐候性に劣るため，いずれの規格においてもハードコートが不可欠である。現在，自動車向けの樹脂グレージングは耐衝撃性と透明性の観点から PC のみが検討されており，樹脂化による軽量化，設計自由度の向上は十分に認識されているものの，量産技術の確立，複雑なハードコート，樹脂材料のコストなどが原因でまだまだコスト的にガラスに対抗できる状況にはないのが現状である。

1.5.2　ShieldUp® による自動車用樹脂グレージングへのアプローチ

　このような状況下，アルケマ社の ShieldUp® がヨーロッパで自動車用樹脂グレージングとし

図 8　Renault 社 Twizy（左）のサンルーフ（中）とデフレクタ（右）

図 9　ShieldUp® を用いたキャンピングカーの窓（左）とオートバイの風防（右）

自動車への展開を見据えたガラス代替樹脂開発

て採用された。ECE R43 規格は耐衝撃性，耐摩擦性，吸水性，耐薬品性，耐燃焼性，可視光線透過率などを定めており，ShieldUp[®] は各項目に合格した。2012 年，Renault 社の二人乗り電気自動車 Twizy のサンルーフとデフレクタに ShieldUp[®] が採用された（図 8）。また，キャンピングカーの窓やオートバイの風防にも採用されている（図 9）。これらの実績が認められ，2012 年に優れた産業技術に対して贈られる Pierre Potier 賞を受賞した。

1.5.3　自動車用樹脂グレージングとしての ShieldUp[®] の特性

前述したように，ヨーロッパの樹脂グレージングは ECE R43 によって規定されている。ここでは代表的な項目における ShieldUp[®] の特性を解説する。

(1)　耐摩耗性

ECE R43 において耐摩耗性はテーバー磨耗（CS-10F, 500 g 荷重）として以下のように規定されている。日本およびアメリカの規格と比較した場合，ヨーロッパ規格は運転視野域の車の外側の耐摩耗性の要求が非常に厳しいことと，逆にサンルーフに対する規格が緩いことが特徴である。

運転視野域[*]　　ヘイズ < 2% @ 1,000 サイクル（車外側）

　　　　　　　　ヘイズ < 4% @ 100 サイクル（車内側）

それ以外　　　　ヘイズ < 10% @ 500 サイクル（車外側）

　　　　　　　　ヘイズ < 4% @ 100 サイクル（車内側）

サンルーフ　　　評価不要

　　（[*]運転視野域の定義はヨーロッパ国内においても差がある）

サンルーフにおいては ShieldUp[®] はハードコート不要で使用が可能であり，実際 Renault Twizy に採用されたサンルーフは未コート材である。一方，Twizy のデフレクタは運転視野域にあたるため，未コートの ShieldUp[®] では対応できないため，ハードコートを施している。しかしながら，耐スクラッチ性と耐候性を共に改善しなくてはならない PC のハードコートと比較すると，ShieldUp[®] に必要なハードコート技術は PC に比べて容易と考えられる。

(2)　耐薬品性

ECE R43 ではガソリン，洗浄液，グリコール（不凍液），アセトン，イソプロパノールでの耐薬品性が規定されているが，ShieldUp[®] はいずれの要求性能も満たしている。特筆すべきはアセトンで，通常の PMMA のキャストシートを用いた場合は試験後にクレーズが発生するものの，ShieldUp[®] では前述したナノレベルのラメラ構造により，PMMA 部分で発生しているクレージングがエラストマー成分でブロックされているためにクラックが進展していないことを示唆している。

(3)　耐衝撃性

ShieldUp[®] は ECE R43 が規定する落球衝撃試験（球の重量 227 g，球の直径 35 mm，落下高

第3章　自動車への展開

さ240 cm，板厚3.4 mm，金属のサポート）とヘッドフォーム衝撃試験（1.9 kgの錘を高さ15 cmから衝突）のいずれにも合格している。衝撃点がわずかに白濁するものの，破壊はせずクラックも入らない。

1.6　今後のShieldUp®の用途展開

このように，ShieldUp®はアクリルの持つ透明だが脆いというこれまでの常識をエラストマー成分とのナノレベルのラメラ構造で克服し，自動車用樹脂グレージングで初めて採用されるに至った。今後の更なる用途開発に向けたポイントは以下の通りである。

1.6.1　日本メーカーとの協業

1.5.1項でも述べたが，自動車のグレージングが進展するためにはデザインの自由化，周辺部品との一体化やモジュール化の検討が不可欠である。ShieldUp®が日本の自動車メーカーに採用されるためには，使用部位によっては必要なハードコートや熱加工，一体化やモジュール化を共同で開発する必要がある。それを実現すべく現在パートナーと積極的な協業を行っている。

一方，自動車以外の用途開発も大きなポテンシャルを秘めている。ShieldUp®は自動車用樹脂グレージングをターゲットとしているため，ポリカーボネートの曲げ弾性率（約2,500 MPa）が得られるような分子設計が施されている。これまでの研究から，活性点を持つ特殊なエラストマーの分子量や添加量をコントロールすることにより，幅広い領域で剛性と耐衝撃性をコントロールできることが判明している。図10の右下に示したように，通常のPMMAキャストシートの場合，コアシェル型の改質剤を用いた場合でも剛性と耐衝撃性の制御領域は限られているが，活性点を持つ特殊なエラストマーの分子量と含有量をコントロールすることにより曲げ弾性

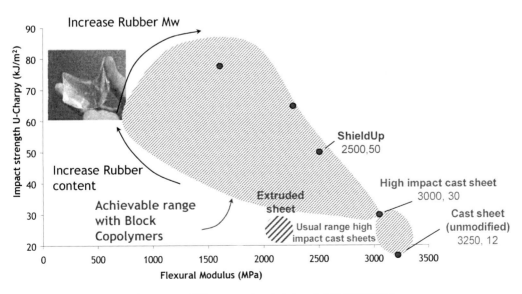

図10　ナノ構造PMMAキャストシートの特性制御領域

率が 500 MPa 程度の柔軟なものから 80 kJ/m² 以上のノッチなしシャルピー衝撃値を持つものまで幅広いナノ構造 PMMA キャストシートの設計が可能となる。アルケマ社では，この技術においても日本のパートナーと協業を行い，積極的な用途展開を行っている。

1.6.2 次世代の ShieldUp®

現在，ShieldUp® のナノレベルのラメラ構造はキャスト法によって得られているが，同様の特性を持つ材料を PC と同様な射出成形によって得られれば更に用途展開が期待できる。ShieldUp® のようなシート材料からの成形は，大型部品が比較的低コストで製造できる利点がある一方，複雑形状の加工が難しい，板から切り出すため端材が出る，といった生産面の課題がある。射出圧縮成形法は光学歪みや変形が少なく，大型の透明部品を高いスループットで生産するには最適な方法であるため，近年注目が集まっている。射出成形の一連のプロセスがセルキャスト重合に比べて大幅に短い時間で行われることを考えると，大前提として成形前のペレット（チップ）の段階でナノ構造モルフォロジーがほぼ完成している必要がある。アルケマ社では現在，キャストシートで形成されるものと同等のモルフォロジーおよび物性を得ることとを目標として分子設計の最適化を鋭意進めている。

1.7 おわりに

アルケマ社はこれまで，汎用樹脂である PMMA の製造販売と共に，アクリルの高機能化を目的としてリビングラジカル重合技術を核に新しい新規ポリマーを開発してきた。今回紹介した ShieldUp® はナノレベルのラメラ構造が発現する新しい機能により，これまで PC の独壇場とされてきた自動車用樹脂グレージング用途でアクリルが使用可能であることを実証した。しかしながら，樹脂グレージングにおいては他の部品との一体化やモジュール化の進展，大型部品に向けた対応など PC と共通の課題も多く抱えている。広くガラスと樹脂を比較した場合，樹脂の比重はガラスの半分以下であるし，樹脂の熱伝導率も PC，PMMA 共にガラスの約五分の一である。今後，HV，PHV，EV の普及と同一歩調を取りながら軽量化に貢献するために PC メーカーと共に樹脂グレージングそのものの認知度と有用性を高め，共通の技術的な課題を解決していくことも必要であろう。

一方，自動車用途向けの材料開発には数年間の時間を要することを考えると，短期的には自動車以外の分野でナノ構造 PMMA の新規用途展開を図っていくことが重要である。これを実現するために最も重要なのが日本メーカーとの協業である。アルケマ社のリビングラジカル重合技術，ナノ構造ブロックコポリマー，ShieldUp® をはじめとするナノ構造 PMMA キャストシートにご興味のある方は是非コンタクトして頂きたいと願っている。

第3章　自動車への展開

文　　献

1)　石油化学工業会資料
2)　J. Nicolas, C. Dire, L. Mueller, J. Belleney, B. Charleux, S. R. A. Marque, D. Bertin, S. Magnet and L. Couvreur, *Macromolecules*, **39**, 8274 (2006)
3)　耐衝撃強度に優れた熱硬化性樹脂材料，WO01/092415
4)　有浦芙美，宮保淳，ジャン・マーク ブティエ，Polyfile，**49**，42-43 (2012)

2 ポリカーボネート樹脂とアクリル樹脂からなるポリマーアロイの開発と自動車用樹脂窓としての可能性

清水　博*

2.1 はじめに

ポリカーボネート（PC）とポリメチルメタクリレート（PMMA）は共に透明樹脂として透明パネルや導光板など多様な用途にそれぞれ使われているが，透明性以外の物性では相互に異なっていることが知られている。そこで，それらの異なる性能を相補的に発現させるためには，アロイ化を図るのが近道であるが，従来の成形加工技術で溶融混練してもナノレベルで混合できないために，アロイは白濁してしまい，最も重要な性能を損なう結果となっていた。本稿で紹介するように，PC/PMMA透明ナノポリマーアロイは高せん断成形加工技術を用いることにより，世界で初めて透明な材料として創製することに成功した。次項以降で順次，PC/PMMA透明ナノポリマーアロイの創製と自動車用窓材への利用と実用性能について考察する。

2.2 PC/PMMA透明ナノポリマーアロイの創製[1,2]

図1に示されるように，高せん断成形加工装置の高せん断混練条件（スクリュー回転数：2,250 rpm，混練時間：20秒）と低せん断混練条件（スクリュー回転数：300 rpm，混練時間：20

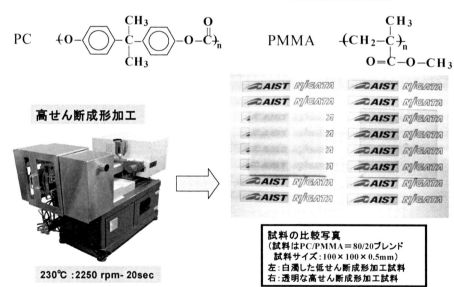

図1　PC/PMMA透明ナノポリマーアロイの創製

＊　Hiroshi Shimizu　㈱HSPテクノロジーズ　代表取締役社長

第3章 自動車への展開

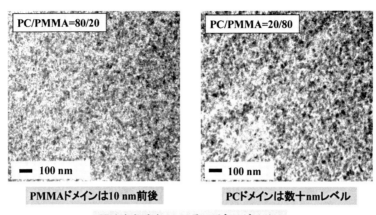

図2 高せん断混練したアロイ試料のTEM写真

秒）を用いて成形温度230℃で両者を所定の組成で混練した。低せん断条件では，白濁したアロイのみが作製されたが，高せん断条件では透明な試料が作製された。しかも，これら押出し物を再度溶融させてフィルム（厚さ0.5 mm）を作製した（図1右）が，透明アロイからのフィルムは再溶融後も透明なフィルムを作製することができた。

　これら透明アロイ試料の内部構造を透過電子顕微鏡（TEM）観察した結果を図2に示す。図2において黒く染色されているのがPCドメインである。PC/PMMA＝80/20組成のアロイにおいてはPMMAドメインのサイズは10 nm前後であり，PC/PMMA＝20/80組成のアロイでは，PCドメインのサイズは30～50 nmサイズになっていることが分かる。このように高せん断混練したアロイは，非常に微細な構造が形成されており，散乱が抑えられるために，優れた透明性が維持されている。実際，低せん断混練による白濁したアロイは可視波長域を全く透過しないが，高せん断混練物は図3に示されるように可視波長域において90％レベルの透明性を保持している。さらには，このアロイ化により，非常に複屈折の小さな材料が創製されていることも分かった。

　図4にはPC，PMMAおよびそのアロイのそれぞれの応力―ひずみ特性を示す。この結果は多くのことを示唆している。即ち，図4において曲線1はPMMAであるが，弾性率が高い反面，全く伸びずにすぐに破断してしまう。一方，曲線4がPCであり，弾性率はPMMAより劣るが，破断伸びは優れていることが分かる。高せん断混練したPC/PMMA＝80/20組成のアロイ（曲線3）では，その中間の性能を発現していることが分かる。このような力学性能を表面硬度に対応させれば，PMMAは鉛筆硬度3Hであり硬いが，PCのそれは2Bで非常に軟らかく，傷つき

171

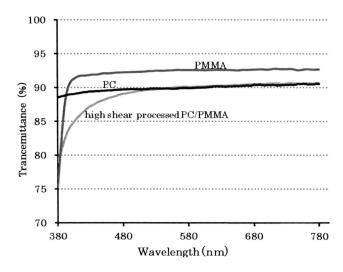

図3 PC, PMMA およびそのアロイの透過率

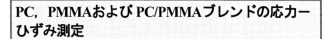
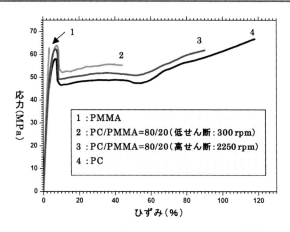

図4 PC, PMMA およびそのブレンド物の応力―ひずみ特性

やすい。従って，従来はPCを最外表面には使えなかったが，このようなアロイ化により組成に依存した硬度をもたせることが可能となったことを示唆している。即ち，当該アロイはPCとPMMAの中間的な性能を有する"新規"材料として供給可能である。実際，PC/PMMA＝80/20組成アロイの鉛筆硬度はF～H程度に向上している。

このようにPC/PMMAアロイ系において透明性を保持したまま相補的な力学性能を発現させることにより，各種透明パネルなど多様な光学部品への応用展開が期待される。PC/PMMA透明ナノポリマーアロイの自動車用窓材への応用可能性については次項以降で考察する。

2.3 PC/PMMA 透明ナノポリマーアロイの自動車用窓材への利用と実用性能

　自動車用窓材は当然のことながら，現行車両においては無機ガラスが用いられている。しかしながら，欧州では，2000年前後から車のクオーターウインドウやサンルーフなどにはPC樹脂が採用されるようになった。採用された理由としては，PC樹脂の透明性，耐衝撃性，耐熱性などの性質を活かした車体の軽量化やデザインの自由度（易加工性），周辺部材との一体化・モジュール化などが挙げられる。このように無機ガラスに代替するために導入されるPCなどの樹脂素材は"樹脂グレージング"と呼ばれている。

　特に，昨今，世界を取巻くエネルギー・環境問題の解決のためには，自動車業界においても燃費向上に向けた車の軽量化が喫緊の課題となっている（図5）。加えて，自動車の各部材においても軽量化のために金属材料から樹脂素材への代替が一層進む中，無機ガラスから樹脂グレージングへの変換は自動車業界の最後の砦でもある。しかし，樹脂グレージングを採用することにより従来のガラス窓に比し，50％以上も軽量化できるので，樹脂グレージングへの移行は世界中の自動車メーカーの趨勢となりつつある。しかも，車体のさらなる軽量化のために，窓材だけでなく，ヘッドランプレンズやヘッドランプカバーなどにも波及していくことが期待されている。我が国においても，ようやく一部の車の三角窓やサンルーフなどにハードコートされたPC樹脂が搭載されるようになった。

　このような動きの中で，上記のように多様な物理的性質において優れるPC樹脂が採用されていく傾向が強いが，PC樹脂単体ではクリアーできない性能・課題が山積しているため，それらの解決にはアロイ化が必要だと考えられている。実際，我々がPC/PMMA透明ナノポリマーアロイを創製したのもそのような理由によるところが大きい。上述したようにPCとPMMAは，その透明性において共通の性質を有しながら，多くの力学性能などにおいて異なっているからである。従って，2つの樹脂をナノレベルで混ぜ合わすことができれば，非常に優れた性能を有する，PCとPMMAの相補的な性能をもった新たな素材の出現につながるからである。実際，ア

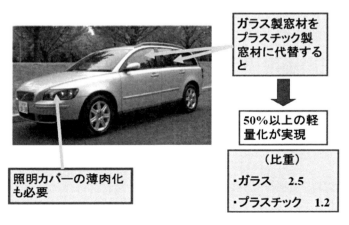

図5　プラスチック窓の採用による自動車の軽量化

自動車への展開を見据えたガラス代替樹脂開発

ロイ化により発現した性能についてはすでに前項で紹介した通りである。

一方で，自動車用窓材としての実用性能としては，耐摩耗性の向上や，紫外線および熱線と呼ばれる，波長1,100～1,500 nm に相当する近赤外線の遮蔽などが求められている。まず，自動車用窓材としての耐摩耗性（耐傷付き性）の指標としては，テーバー摩耗試験により，摩耗前後でのヘイズ値の差（$\Delta H \%$）が2％以下というのが一般的である。上記で記載したように，PCとPMMA をアロイ化しただけでは，この値をクリアーできないため，どうしてもアロイシートの表面をハードコートする必要がある。参考までに，当社で作製した PC/PMMA 透明ナノポリマーアロイに有機—無機ハイブリッド型のシリカ系ハードコートを施すことにより，この耐摩耗性の指標をクリアーすることができた（表1参照）。なお，テーバー摩耗試験は以下の通りに実施した。

さらに，自動車用窓材としては，紫外線および近赤外線の遮蔽などが求められている。この目的のために，通常は窓にハードコートを施して，紫外線や近赤外部の波長を遮蔽している。当社では，透明アロイ作製に用いた高せん断成形加工技術がナノ粒子など各種フィラーの樹脂への微視的分散を得意としているので，紫外線および近赤外線領域の波長を遮蔽する粒子を直接添加して透明アロイを作製した。この結果を，図6と7に示した。図6の上には PC 単体の，そして下には PMMA 単体の紫外～可視部波長域の透過率曲線を示した。この図からも明らかなように，PC 単体ならびに PMMA 単体では，共に300 nm での透過率がそれぞれ55％，45％もあり，紫外線を透過しているのが分かる。そこで PC/PMMA アロイを作製することで，図7に示されるように300 nm での透過率を10％以下に低減化させることができた。さらに，紫外線ならびに近赤外線遮蔽材料として，CWO（$Cs_{0.33}WO_3$）という遮蔽材料を添加して分散することで，この遮蔽材料の濃度に比例して，可視部波長域の透過率を保持しながら，一方で紫外部ならびに"熱

表1　テーバー摩耗試験の結果
有機・無機ハイブリッド型シリカ粒子をハードコート
した透明ナノポリマーアロイのテーバー摩耗試験結果

試料名	Δ H (%)
PC/PMMA=80/20(1)	2.7
PC/PMMA = 80/20 (2)	2.9
PC/PMMA = 80/20 (3)	1.0
PC/PMMA = 80/20 (4)	1.8
PC/PMMA = 80/20 (5)	1.5
平均	1.98

【テーバー摩耗試験条件】
摩耗輪：CS-10F，荷重：500 gf，回数：100 回，速度：60 rpm

第 3 章　自動車への展開

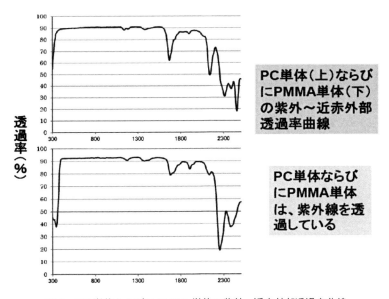

図 6　PC 単体ならびに PMMA 単体の紫外～近赤外部透過率曲線

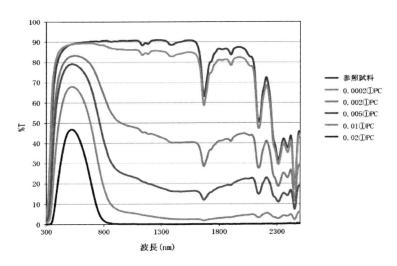

図 7　PC/PMMA アロイならびに熱線遮蔽材料を添加した系の
　　　紫外～近赤外部透過率曲線

線"と呼ばれる近赤外部 1,100～1,500 nm の透過率を遮蔽することが可能になった。図 7 右の数字は PC に対する粒子濃度を表している。

　また，自動車用窓材としての利用には，車内の断熱性（曇りにくさ）も重要である。これは，上記の紫外線や熱線を遮断することにより車内温度の上昇を避けるだけでなく，冬場などに外気温との温度差により窓が曇ってしまうことを避ける必要がある。そこでプラスチック窓材として

175

自動車への展開を見据えたガラス代替樹脂開発

表2 PC/PMMA アロイならびに PC のみに熱線遮蔽材料
（$Cs_{0.33}WO_3$）を低濃度で添加した系の熱伝導率

試料名	温度（℃）	熱伝導率 [W/(m・K)]
0.005①PC	25	0.25
0.002①PC	25	0.25
0.01①PC	25	0.25
PC/PMMA アロイ	25	0.26

は，ガラスよりも断熱性に優れていることが必要になる。一般的にガラスの熱伝導率は，約1.0であるが，これより小さな値であれば断熱性に優れることになり，結露や曇りを防ぐことが可能となる。熱伝導率の結果を表2に示す。この結果からも明らかなように，熱線遮蔽材料（$Cs_{0.33}WO_3$）の濃度を変えて添加したが，添加量がどれも低いために，それらの熱伝導率は全て0.25 W/(m・K) であった。このように，PC/PMMA 透明ナノポリマーアロイに熱線遮蔽材料を添加した系は非常に断熱性（曇りにくさ）に優れた材質であることが分かった。

　今後，PC/PMMA 透明ナノポリマーアロイ材料の耐摩耗性，耐久性などの改善を図ることにより，樹脂グレージングへの利用が加速すると思われる。自動車用窓材としてさらには遮音性など，残された課題もあるが，それらの性能もいずれクリアーされるものと期待している。自動車用照明カバーなどへの応用については，ある程度の耐衝撃性と高流動性の両立を図りつつ，アッベ数など光学特性に配慮された材料の創出が期待されている。

2.4 おわりに

　本稿では，透明樹脂同士でありながら従来技術でアロイ化すると白濁してしまった PC と PMMA とを高せん断成形加工により透明アロイ化に成功した例について紹介した。当面，PC/PMMA 透明ナノポリマーアロイ材料は自動車用窓材や自動車用照明カバーなどへの利用が期待されているが，自動車産業に留まらず，多様な産業分野においても各種透明パネルや光学部品としての利用が期待される。さらには，高せん断成形加工技術を駆使して，多様な透明樹脂同士のアロイ化により，新たな透明材料を構築していくことが期待されている。そのような要請に応えるべく，当社は大手押出機メーカーの東芝機械㈱と共同で，完全連続式高せん断加工機（図8）の開発に成功（2014年4月25日プレスリリース）した。本機の樹脂系材料の処理量は，50 kg/時なので本稿で紹介した透明ナノポリマーアロイなどの量産化にも対応可能となったことを付記しておく。本稿がこの分野の発展に少しでも貢献できることを祈念している。

第 3 章　自動車への展開

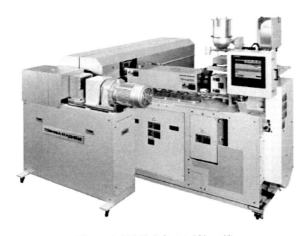

図 8　完全連続式高せん断加工機
(東芝機械㈱写真提供)

文　　献

1) Y. Li and H. Shimizu, *Polymer Engineering and Science*, **51**, 1437 (2011)
2) 清水博, 李勇進, 特許第 5697143 号, 溶融混練方法, 押出し物及び透明樹脂材

3 自動車用 PC 樹脂グレージングの防曇技術

岩井和史[*]

3.1 はじめに

ポリカーボネート樹脂（以下，PC 樹脂と略する）は優れた耐衝撃性と透明性を有しており，ガラスと比較して比重が1/2ということから，軽量化を目的に車両向けの窓に用いられるガラス代替樹脂としての実用化に向けた開発が盛んに行われている。また，環境や省エネルギーに対する意識の高まりや法規制を受けて，PC 樹脂への機能性付与が必要不可欠な課題となっている。

PC 樹脂への機能性付与のうち最も一般的に行われるのがハードコート処理である。PC 樹脂の特性上，耐摩耗性が低いため傷が付きやすく，薬品による劣化も顕著である。さらに屋外用途では，紫外線劣化による黄変も著しいため，ハードコートによるコーティングが必須である。これらハードコートされた PC 樹脂を用いて，いかに機能性を付与した PC 樹脂製品を提供することができるかが材料メーカー，加工メーカーに求められている。本稿では，デフォッガー機能の付与について述べる。

3.2 デフォッガー機能付与

車両用のルーフや窓に着霜・着氷・結露を防止するための方法は2種類あり，エアコンによる温度調整または熱線を窓へ組み込んだ発熱方法である。霜，雪または結露を除去し視界を確保することを目的にデフォッガー機能付きガラスは一般的に広く用いられている。特に，寒冷地で使用されるような自動車や特殊車両等には視界確保のため，様々なデフォッガー付きガラスが用いられている。当然，PC 樹脂をガラス代替として用いようとした場合も同様にデフォッガー機能の付与が必要である。しかしながら，ガラスと PC 樹脂では耐熱性が異なるため，ガラスと同じプロセスで PC 樹脂にデフォッガー機能を付与することが困難であり，PC 樹脂ならではのデフォッガー機能の付与手法が求められている。

3.2.1 グレージングにおける防曇のニーズ

車両の窓ガラスは，運転やそれに付随する操作を行う際の周囲状況の確認のため，どのような場合にあっても視界性を確保できなければ，信頼性の高いガラスとは言えない。例えば梅雨の湿度の高い季節や冬季の低温環境下等，窓表面に生ずる結露が運転視界を阻害することがよくある。グレージングが樹脂化されることにより，表面を制御する各種の技術が使えるようになり，従来に増して曇り除去技術が身近なものになりつつある。

図1に，グレージングにおける防曇のニーズと曇り発生のメカニズムを示す。特に室外が低温で室内の温度が高く，かつ湿度が高い状況下では，室内側のガラス表面に結露が発生する。結露が発生する時の温度を一般に露点温度と言う。結露水が水滴状にガラス表面に並ぶように形成されると，水滴が光を散乱し曇りとして視界を阻害する。曇り止めの対応としては，結露水が水滴

---

[*] Kazufumi Iwai ㈱レニアス　開発設計 Group　シニアエンジニア

第3章　自動車への展開

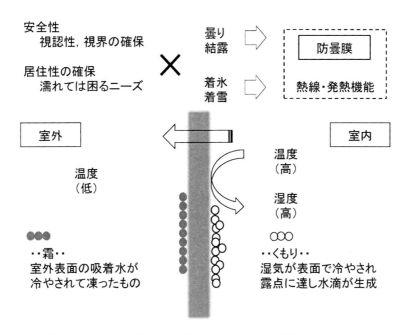

図1　グレージングにおける防曇のニーズと曇り発生のメカニズム

状にならず水膜状になるような表面を作ったり，結露水を吸収することで水滴を作らない表面構造を作り込んだり，表面が露点温度以上になるように加温したり，除湿した温風を当てて水滴の蒸発を促進させたりと種々雑多な方法が取られる。

3.2.2　防曇の種類と特徴

加温や温風等表面機能によらない方法は複合化の項にて紹介するとして，ここでは樹脂グレージングの表面コートによる防曇技術について紹介する。図2に防曇膜の種類と特徴をまとめる。界面活性剤や光触媒はいずれも親水表面を形成し，結露水を水滴ではなく水膜化することで曇り止めを行う手法である。これに対し吸水型の防曇膜は結露水を膜中に吸収させ視界性を確保するもので，表面の濡れ性もある程度回避できるという特徴がある。一般に界面活性剤は防曇性能が高いが持続性に乏しいため，恒久的な用途には用いることができない。

3.2.3　光触媒による防曇

光触媒は波長360～380 nmの光吸収により活性化するため太陽光が降り注ぐ屋外における使用用途に適している。近年380～420 nmの可視光に感応する光触媒も開発され屋内用途にも徐々に広がってきた。

図3に光触媒の親水化メカニズムを模式的に示す。光励起による電子正孔対の生成が基本原理であり，電子は還元，正孔は酸化分解に寄与する。生成した水酸ラジカルは表面に結合し強い親水化表面を形成する。以上のように，光触媒は強い酸化・還元作用を有するため，ポリカーボネート等の樹脂上に直接成膜すると樹脂が分解されるという問題が生ずる。従って，光触媒と樹脂基板の間に無機質の中間層が必要である。実際には，シリコーン等無機骨格を持った薄膜がこ

界面活性剤

超親水,防曇性能は高いが持続性なし
メガネ,ゴーグル等一時的な用途

光触媒

光活性による超親水化,光がないと機能しない
親水化持続時間の延長が課題（実用レベル≧200時間）
抗菌などとの複合機能
可視光や室内光に感応する光触媒が開発されている
風呂場,洗面所,カーブミラー（防曇）
遮音壁・カーポート（セルフクリーニング用途）

防曇膜

界面活性剤に匹敵する防曇性能
一般に数10μmの膜厚,厚いほど防曇効果大
汚れに対する影響,耐摩耗性,膨潤による透視歪,耐候性が課題

図2　防曇膜の種類と特徴

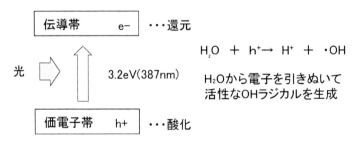

図3　光触媒の親水化メカニズム

の用途に使われる。シリコーンハードコートもこの目的で活用することにより，表面硬度の向上との両立も期待できる。

　図4に光触媒の防曇効果を，図5に防汚効果の一例を示す。防曇効果の評価は，冷凍庫の中に一定時間試験試料を放置し，常温中に取出し直後の曇りを視覚的に評価するものである。雰囲気温度や湿度の影響により結露状態が変化するため，なるべく一定の温湿度になるよう配慮して行う。また，防汚効果については屋外に長期にわたって放置し，一定期間ごとにヘイズ等の光学特性を評価する。ゴミや汚れを光触媒のセルフクリーニング機能により除去することにより，汚れに起因するヘイズの上昇を抑えることができる。TiO_2のアナターゼ型の結晶が強い光触媒活性

第 3 章　自動車への展開

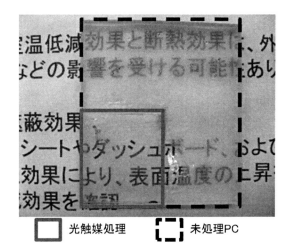

冷凍庫(-20℃)からの取り出し後に表面観察

取り出し直後は結露発生。
時間経過とともに水膜化 ⇒ 曇り除去

図 4　光触媒の防曇効果

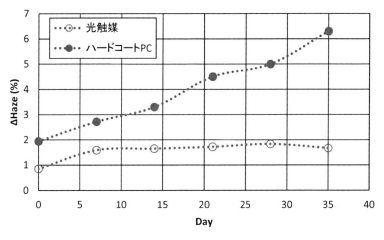

図 5　光触媒の防汚効果

を有することで知られる。紫外線を吸収するため無機耐候材料としても使用可能である。

3.2.4　吸水型の防曇膜

　光触媒以外の材料系で，光触媒と同様に親水表面を得るためのコーティング膜が知られる。一般に光の届かない場所でも使える用途として紹介される。ここでは親水ではなく吸水型の防曇膜を紹介する。吸水型の防曇膜は，結露水を膜中に吸収して視界性を確保する方式の防曇膜である。膜厚が厚いほど吸水量が増すため，長時間の結露状態にさらされる場合は膜厚が厚い方がよい。

ただ，膜厚が増すと，膜の微妙なうねりにより透視歪が発生しやすい。また，結露水を吸収しきれなくなっても水膜が表面を流れるだけで視界性を損なわないため，耐久性や外観品質との兼ね合いで，ある程度の自由度を持って形成膜厚を決めることができる。

3.2.5 防曇膜の評価

表1に樹脂グレージングにおける防曇膜の評価項目一例を示す。防曇性能の評価としては，低

表1　樹脂グレージングにおける防曇膜の評価項目一例

項目	規格
鉛筆硬度	JIS K5600-5-4
全光線透過率（％）	JIS K7375
耐摩耗性（ΔH/%）	JIS R3212 または JIS K5600-5-9
密着性（常温・温水）	JIS K5600-6-2
呼気防曇性	呼気を吹付け曇り確認
低温防曇性（-20/20℃RH60%）	低温放置→室温移行時の曇り
耐薬品性　1%H$_2$SO$_4$ / 1%NaOH / メタノール / IPA / アセトン / 中性洗剤	JISK6902 または，JISR3212

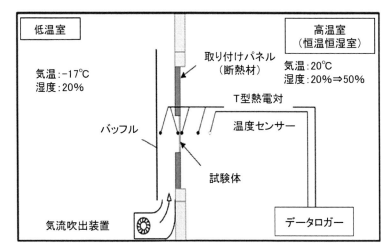

図6　人工気象室を使った防曇試験

第3章 自動車への展開

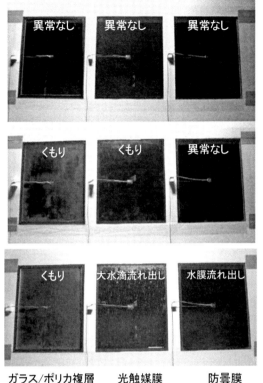

図7 人工気象室における試験結果

温防曇性，繰り返し防曇性，人工気象室を用いた結露試験，塗膜の性能評価として，クロスカット試験，耐摩耗性，耐候性，耐熱試験，耐薬品性試験等がある。試験仕様や基準値はユーザースペックで規定される場合と，法規制で定められている場合がある。

図6に人工気象室を用いた防曇試験の条件，図7に試験結果を示す。低温室-17℃，高温室20℃，高温室の湿度20％で一定時間保った後，湿度だけを50％に引き上げたところから評価を開始し，高温室側のガラス表面の結露状態を観察するという試験方法である。この試験例においては，複層ガラスであっても曇り（結露）が発生している。光触媒と防曇膜にあっては水滴や水膜の形成が認められ，結露水が流れ出すという現象も認められている。しかし，防曇膜にあっては水膜を保って流れるため透視視認性は良好で，結露状態においても視界性を確保できることを示している。

3.3 複合機能化の検討例
3.3.1 防曇＋反射防止

以上説明してきたように，防曇は表面の技術である。他の表面機能との組み合わせが困難になる可能性がある。例えばAR（Anti-Reflection）は表面に屈折率の低い薄膜を形成したり，屈折

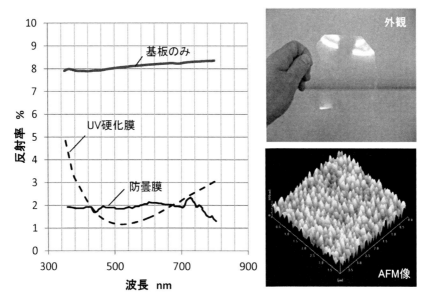

図8 防曇膜のナノインプリント

率の異なる多層膜を形成して所定波長域の光学反射を低減する機能である。このAR膜の上に厚い防曇膜を形成するとARの機能が損なわれ，逆に防曇膜の上にAR膜を形成すると防曇機能が損なわれてしまうという両立性の問題が起こる。この問題を回避する一つの方法として，図8に防曇膜の表面にナノインプリントを行い，AG（Anti-Glare）の機能を付与する試みを行った結果を示す。分光反射率の測定結果のグラフにおいて，比較のためインプリントを行わないPC樹脂基板と，防曇膜ではないナノインプリント用UV硬化樹脂も併せて示す。防曇膜の反射率はUV硬化膜に比べ反射率は高いものの，可視光帯域ではほぼフラットな特性を示している。AFM像によれば，防曇膜上に多少の欠陥はあるものの，ほぼ200 nmピッチでピラミッド状のモールド形状が転写されていることがわかる。防曇効果も測定したが，インプリントの有無による差異は認められなかった。この方法課題は，手で触れたり擦れたりすると，凹凸形状が壊れることにある。

3.4 面状発熱による防曇技術
3.4.1 発熱による防曇

自動車のリア窓のデフォッガー機能は，ガラスにプリントされた発熱線に電流を流し，ガラスの室内側表面を露点温度以上に高めることにより結露を防止するものである。図9にJISに基づいた結露条件の試算例を示す。板厚5 mmのポリカーボネート板を想定し，環境条件として室外温度－20℃，室内温度20℃，室内湿度90％の場合，室内の露点温度は18.3℃，ガラスの室内側表面温度は－5.6℃となる。この条件ではガラスの室内側表面温度が室内露点温度より低いため，

第3章 自動車への展開

室外温度	-20	℃
室内温度	20	℃
室内相対湿度	90	%

【Tetensの実験式】
飽和水蒸気圧(室内) es	23.4	hPa
水蒸気圧(室内) e	21.1	hPa
露点温度（室内）tdi	18.3	℃

PC板厚:5mm想定

板ガラスの熱貫流率	5.5	w/m²·k
室内ガラス表面の熱伝達係数 αi	8.6	w/m²·k

室内ガラス表面温度 θgi	-5.6	℃

$\theta gi > tdi$ のとき，結露しない

図9 発熱による防曇（結露条件試算例）

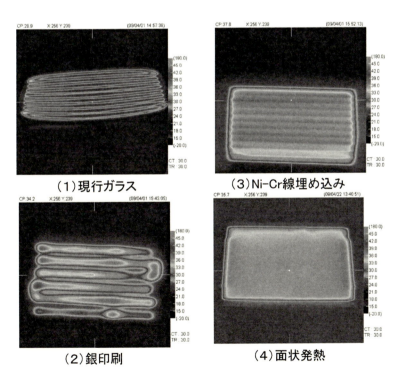

(1) 現行ガラス　　(3) Ni-Cr線埋め込み

(2) 銀印刷　　(4) 面状発熱

発熱密度50mW/cm²，昇温開始5分後

図10 各種発熱方式の比較

ガラスの室内側表面に結露による曇りが発生する。この例では，曇りを除去あるいは発生させないようにするためには，ガラスの室内表面温度を少なくとも18.3℃以上に高める必要がある。すなわち25℃程度の昇温が必要となる。この昇温を発熱によりまかなう方法が，自動車のリア窓のデフォッガー機能である。

3. 4. 2　各種発熱方式の比較

図10に各種発熱方式の比較例を示す。本例の各サンプルは大きさが異なるため，比較条件をそろえるため発熱密度を$50\,mW/cm^2$としており，通電開始から5分後の状態をサーモビュアにて記録したものである。(1)は基板がガラス，(2)，(3)，(4)の基板はいずれもポリカーボネートである。(1)は全体的に温度が低い。(2)の銀印刷は配線表面の温度は高いが，配線間の温度はほとんど上昇しない。これはポリカーボネートの熱伝導率が低く熱が伝わりにくいことに起因している。均一な発熱を得るためには，配線間隔をより密にする必要があるが，銀のような可視光遮蔽性の高い金属は配線間隔を狭めると視界性が極端に低下するため好ましくない。(3)はこれを改善するために，線径$50\,\mu m$のニクロム線をポリカーボネート基板に5 mm間隔で埋め込んだものであり，配線間を狭めてもある程度の視界性を確保できる。また，発熱均一性も向上する。(4)は面状発熱の例であり，(3)に比較しさらに均一化が達成されている。ポリカーボネートはガラスに比較し断熱性が高い分，基板が熱を奪わないため，より高い表面温度が得られる。逆にいえば同一温度を達成するための必要電力が少なくて済むという省エネ効果を期待できる。

3. 4. 3　面状発熱を実現する技術

以上のように，ポリカーボネート上に発熱による防曇機能を付与する場合，面状発熱が優れていることを述べた。表2に面状発熱を実現する方法を比較して示す。液晶パネルや導電フィルム等の透明電極として知られるITO（IndiumTinOxide）を スパッタリング等の真空成膜で形成する方法と，自己組織化技術を利用したナノ銀の網目パターンを導電発熱体として利用する方法である。前者はガラスやフィルム等の平面に対する成膜技術は確立しているが，ポリカーボネート樹脂の3次元形状の成型品に対しては，膜厚の均一化や低抵抗化について課題がある。これに対し自己組織化ナノ銀については，平板状態で導電層を形成後に熱プレス等の成形が可能であり，発熱の均一性や抵抗値が変化するという問題もない。ただ，工法と品質，仕様にて適宜判断し，いずれの方法も樹脂グレージングに活かせる技術である。

表2　面状発熱技術比較

項目	自己組織化ナノ銀	ITO膜
材質	金属	酸化物
面抵抗	$5\,\Omega/sq$	$15\,\Omega/sq$（PC上）
透明性	良好（ヘイズ）	良好（反射率，着色）
均一性	良好	膜厚分布
信頼性	柔軟，マイグレーション	脆性，クラック
生産性	成形性良	真空成膜
その他	電磁波遮蔽性	

第3章 自動車への展開

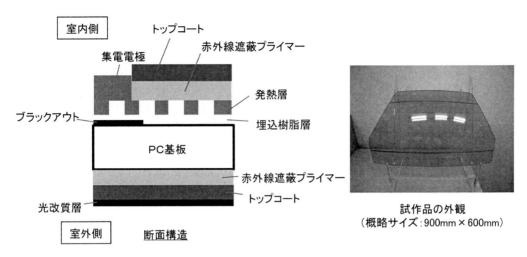

図11 自動車リア窓を想定した機能化樹脂ガラス

3.5 自動車リア窓を想定した機能化樹脂ガラス

図11にリア窓を想定して試作した樹脂ガラスの例を示す。室内側にナノ銀網目パターンを形成した発熱用導電層を形成し，赤外線遮蔽ハードコートを施した後に，室外側のみに光改質による高硬度化を行うもので，以上説明してきた高硬度化，赤外線遮蔽，防曇の3つの機能をポリカーボネート樹脂パネルに一体化したものである。今後，このような発想に基づくグレージングの樹脂化が進むものと期待される。

3.6 おわりに

車両用樹脂グレージングが，自動車をはじめとして建設機械や特殊車両に採用され市場を拡大してきた。建設機械への採用は自動車より古いが，当初は軽量化目的ではなく，ポリカーボネートの優れた耐衝撃特性を安全性に活かすところからガラス代替が進んだ。当時は材料コストよりも安全性を重視して採用が広がったが自動車の場合，安全性は当然のことながら益々のコストと機能の両立が求められる。ハードコートの機能化に対するニーズは，それに解を見出すためのものであり，今後も耐久性や信頼性の向上とともに機能化が求められるものと思われる。この分野の開発の進展に注目したい。

文　　　献

1) 日経 Automotive Technology，2009 年 5 月号，pp.82-87（2009）
2) 低価格化軽量化技術 2010，pp.89-97，日経 BP 社（2009）
3) Y. Nojima, M. Okoshi, H. Nojiri, and N. Inoue.: *Jpn. J. Appl. Phys.*, **49**, 072703（2010）
4) H. Takeda and K. Adachi, *J. Am. Ceram. Soc.*, **90**, 4059-4061（2007）

4 耐摩耗性，耐候性試験による評価，分析手法

岩井和史*

4.1 はじめに

ハードコートは，柔らかい素材の表面を保護し，傷や薬剤に対する耐性を高める目的でよく使われる。特に透明性を維持するための保護膜として，ポリカーボネート（PC）などの軽量樹脂素材が用いられている。透明樹脂はガラスに替わる用途として，住宅や車両の窓材，展示ケース，遮音壁など，視界性や採光の両立のために高いレベルにおける耐久性の確保が不可欠である。図1にポリカーボネート樹脂（PC樹脂）の特徴をガラスに比較して示す。ガラスは硬く傷が付きにくく，無機物特有の長所として耐薬品性や耐候性に優れるというメリットがある。ただ，硬く耐傷性に優れるという長所と裏腹に，割れやすく重いという決定的な短所を持ち，樹脂の持つ軽量性や耐衝撃性を活かしつつ，表面硬度や耐環境性の付与のためにハードコートが注目されている。

このハードコートの特性で最も大切なのは硬さと耐候性の二つであり，それぞれの評価方法には種々の方法があるが，用途に合わせた評価が大切であり本節ではハードコートの評価について詳しく紹介する。

4.2 ハードコートの硬度評価

耐傷性の評価方法について，その種類や特徴について紹介する。コーティング膜の耐傷性を紹介する上で，最もポピュラーな方法は，鉛筆硬度試験（JIS K5600-5-4）である。芯の先端を所定の形に削り出した鉛筆を試験片に対し所定の角度で立て，この状態で荷重をかけながら一定速度で移動させる方法であり，簡便な機械を使用し誰でも容易に行うことができる。コーティング膜の鉛筆硬度に関しては，下地基材の硬さの影響を受けやすく，基材の材質を規定して測定を行

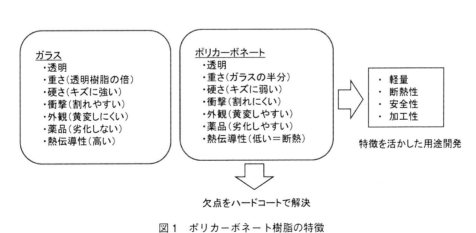

図1 ポリカーボネート樹脂の特徴

---

* Kazufumi Iwai ㈱レニアス 開発設計Group シニアエンジニア

うことが重要である。特に樹脂基材の場合，基材がポリカーボネートのような柔らかい場合と，アクリルのような硬い場合とでは3〜5ポイントも違いが出ることがある。すなわち，アクリル樹脂上のコーティング膜が6Hの鉛筆硬度を示しても，ポリカーボネート樹脂上の同一コーティング膜では，F〜Hを示すことも珍しくない。先述したが，基材が柔らかいと荷重がかかる際に表面変形が起こり，これによりコーティング膜が割れることが原因の一つである。ただ高い数値を求めるのではなく，実際の使用用途として鉛筆の先のようなものが当たったり，擦れたりする場面が想定されるのであれば，鉛筆硬度試験も評価や判定の基準として取り入れるべきである。

例えば車両において，実使用状態や洗車時の傷付きなどを想定した試験には，テーバー摩耗試験や落砂試験，ワイパー試験などがある。いずれも炭化ケイ素を主な研磨材とし，研磨粒径や粒密度，粒数を規定した摩耗輪や試験砂粒を用いる。テーバー試験（JIS K5600-5-9, ASTM D1044）は，荷重をかけた摩耗輪を所定回数試験片上で回転させ，試験前後の傷付きの変化を比較する試験方法である。落砂試験（JIS A1452, ASTM D673）は，所定の高さから一定量の試験砂粒を自由落下させ，これを所定角度で設置した試験片上に落とし，試験前後の光線透過率や光沢度などの変化を測定することにより耐傷性を評価する方法であり，コーティング膜の試験法というより，建築用樹脂材料全般の摩耗試験方法として知られる。ワイパー試験は，JISなどの規格で規定されていない試験方法であるためあまり認知されていないが，車両用ガラスなどを扱う業界では独自の試験装置と条件で実施されている実用試験である。

4.2.1 テーバー摩耗試験

テーバー試験は摩耗試験の一つで，JISなどの規格に沿った仕様の試験機材が，試験機メーカーより各種販売されている。規格により若干の試験条件や吸引口などのサイズが異なるが，それらの規格に対応するようアタッチメントやオプションパーツが用意されている。図2に，テーバー試験機の一例を示す。

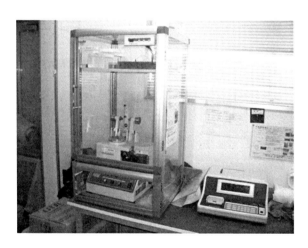

図2 デシケータ内に設置されたテーバー試験機

第 3 章　自動車への展開

　試験には 2 個で一対の摩耗輪を使用する。摩耗輪は，表面を研削砥石または研磨紙で覆ったローラーのことであり，試験片の種類や材質に応じて選択する。表 1 に摩耗輪の種類と用途を示す。二つの摩耗輪は，規定した荷重で試験片に作用する。試験片支持ステージを規定回数まわした後に生じた試験片上の摩耗状態を，適切な方法すなわち質量減少，体積減少，光学特性の変化などで評価する。摩耗輪表面の研削面に水分吸着などがあると，試験結果にばらつきを生ずることがあり，また，ゴム製の摩耗輪はオゾンや紫外線による劣化が起きやすいため，保管は低湿度の冷暗所で行い（メーカーにより保管環境が規定されている），有効期限内に使用する配慮が必要である。

　摩耗試験機において，試験片上の摩耗輪の位置関係や寸法精度など，すべて規格に基づいて作られており，メーカーの異なる試験機を使用しても基本的には同じ結果が出るはずである。

　実際の試験手順を例として表 2 に示す。試験片の試験片支持ステージへの固定は，駆動軸径に合わせた穴を試験片中心部にあらかじめドリルなどで空けておき，この穴に駆動軸を通して当て板を介してねじ止めにより固定する。穴空け時にバリが生じていたり，試験片に反りやうねりがあると正確な評価ができないため，試験試料の準備の段階から十分な配慮を行うべきである。試験片の厚みは大きな障害にはならないが，フィルム状の薄い試料の場合は吸引に引かれて反りが

表 1　テーパー摩耗輪の種類と用途

種類	特徴・材質	適正荷重範囲（g）	用途	備考
CS-0	非常に緩い研磨性 非研磨ゴム		歯磨き粉	有効期限 2 年
CS-10	軟質で緩やか ゴム弾力	500〜1000	コーティング，メッキ ラミネート，紙，プラスチック， 皮革製品	ST11 研磨紙使用 有効期限 4 年
CS-10F	超軟質で劣化しやすい （低オゾン耐性） ゴム弾力	500 以下	コーティング，フィルム ガラス，光学製品	ST11 砥石使用 有効期限 2 年
CS-17	中程度の粗さ ゴム弾力	500〜1000	シーラント 陽極化成皮膜 コーティング，包装 繊維	ST11 研磨紙使用 有効期限 4 年
H-10	粗い 砥粒焼結	500〜1000	陽極化成アルミ スチール，段ボール	なし
H-18	中程度の粗さ 砥粒焼結	500〜1000	ゴム，皮革製品，タイル 繊維，木材	なし
H-22	より粗い 砥粒焼結	1000	接着剤，繊維，床材 段ボール，タイル ワックス	なし
H-38	非常に粗い 砥粒焼結	500 以下	パイル地，繊維 室内装飾	なし
S-35	超研削性 WC		ゴム，アスファルト リノリウム	なし

自動車への展開を見据えたガラス代替樹脂開発

表2　テーバー試験の手順の一例（JIS K5600-5-9）

項目	操作内容	備考
準備	試験片支持テーブルの清掃	
	摩耗輪の装着	CS10-F（タイプ4）
	試験環境の確認	23℃，50％
	試験荷重の確認	500 g
	研磨砥石によるリフェース	ST-11
	吸引口をセット	
	吸引圧の確認と調整	1.5〜1.6 kPa
	回転数を100回に設定	
	スタート	
試験	試験片の装着	
	吸引口をセット	
	吸引ギャップの確認と調整	1.5 mm
	所定の回転数に設定	100, 500, 1000 回転
	吸引開始	
	試験スタート	
繰り返し試験	「準備」に戻って，繰り返す。	
	総回転数が5000回に達したら，ドレッシングの実施	（JIS K7204 記載）
その他	必要に応じ，装置の検定を実施	標準試料による

発生したり，吸引口に貼りついて傷が発生したりするので，薄い両面テープなどで支持ステージに貼りつけるような工夫をしてもよい。ただ，両面テープが厚いと，摩耗輪の荷重により，試験片が変形することがあるので注意を要する。また，着色した透明樹脂基材などの場合は着色が濃いほど，ヘイズなどの光学測定に誤差が出やすくなるため，たとえ同じ種類のコーティング膜の評価であっても，着色の異なる基材を混同して比較評価するのではなく，同一基材にて比較評価を行うのが望ましい。

　先に示した表2の手順によれば，1試験毎に研磨砥石（ST-11）によるリフェーシングを行い，総試験回転数が5000回に達した時点でドレッシングを行うことになっている。ドレッシングはダイヤモンドカッターにより，摩耗輪の平坦性維持と端部の面取りを行う処理である。

　社内や事業所の内外にテーバー試験機が複数台あり，それぞれの試験結果を照合する場合や，共同開発などで他社あるいは他の研究機関との間でデータを共有する場合，規格や仕様を満たしているかどうかの合否判断が必要な場合など，同一メーカーの試験機器であっても，環境や方法，摩耗輪の管理やリフェースやドレッシングの頻度や条件などにより，評価結果が異なってくることがよくある。あらかじめ同一条件，同一ロットで作製した試料を双方で測定し，データの比較を行っておくことが大切である。

　図3にテーバー摩耗試験結果の一例を示す。ポリカーボネート樹脂基板，ハードコートを施したポリカーボネート樹脂基材，強化ガラスを比較したものである。ガラスが最も耐傷性に優れ，ハードコート，ポリカーボネート基材の順になっている。

第3章　自動車への展開

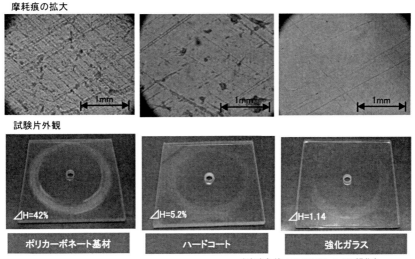

(試験条件：JIS K5600-5-9に準拠)

図3　テーバー試験結果の一例

4.2.2　落砂試験

　落砂試験は，コーティング膜の評価においては，テーバー摩耗試験ほど多用されてはいない。ユーザーが指定した場合や，新製品の開発現場，工程や品質の安定性を定期的に確認するための試験項目として実施されることが多い。いわゆるマイナーな試験ではあるが，この試験はいろいろな知見を与えてくれる。実用面では，砂塵の中を走行する車両，砂嵐の多い地方の家屋の建築窓材などの評価に有効である。巻き上げられた砂が吹きつけられる場面は，砂漠地帯に限らず風の吹く環境においては必ず発生するため，落砂試験はその意味で加速耐久試験の一つである。

　図4に落砂試験の結果の一例を示す。落砂試験前後のヘイズ値の変化を差分（ΔH）で表したものである。無機ガラス，シリコーンハードコート，シリコーンハードコートを光改質により硬質化したもの，およびポリカーボネート基材を比較したものである。先に示したテーバー試験結果では，ガラスが最も耐傷性が高く，ハードコート膜はそれより低い耐傷性となったが，落砂試験の結果は逆転したものとなっている。さらに光改質においては，ハードコートよりさらに耐傷性が高いという結果が得られている。

　図5に落砂のメカニズムを示す。ガラスは非常に硬いが，ポリカーボネートにあっては，基材のたわみや変形が起こる。複層構成のハードコート膜においては，深さ方向に順次柔らかくなる段階的な傾斜硬度となっており，これにより衝撃が吸収される。改質により硬質化した試料にあっても同様で，最表面は硬質化されていても，段階的な傾斜硬度は維持されるため，落砂による衝撃エネルギーが吸収されるものと考えられる。一方ポリカーボネート（図中ではポリカと表記）もガラスも一様な硬さを有するバルク体であり，衝撃吸収のメカニズムが働きにくい。従って，砂粒と基材の硬度差で傷付きが決まることになる。図5中にはナノインデンテーションによ

193

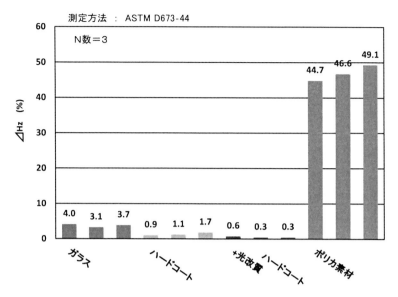

図4 落砂試験結果の一例

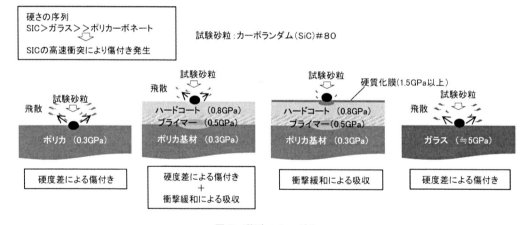

図5 落砂メカニズム

り測定した概略の硬度も表記した。試験砂粒の炭化ケイ素は，シリカに対し20～30％程度硬度が高く，ガラスといえども硬さではおよばない。

4.2.3 ワイパー試験

ワイパー試験機は，自動車のフロントやリアウィンドウに装着されている「窓拭き装置」による払拭に対する耐傷性を評価する装置である。図6にワイパー試験機の一例を示す。この試験機は泥水を散布しながら一定時間ワイピングし，その後一定時間乾拭きをするという間欠散布試験を行うことができる。また，泥水から真水へ自動で切り替えながら試験を続行し，所定回数終了すると自動停止する。図7にワイパー試験のシーケンスの一例を示す。試験途中で透過率やヘイ

第3章 自動車への展開

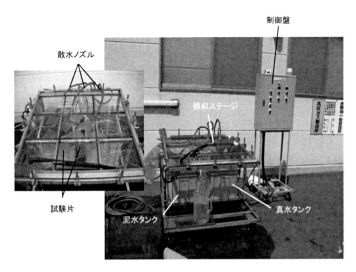

図6 ワイパー試験機の例

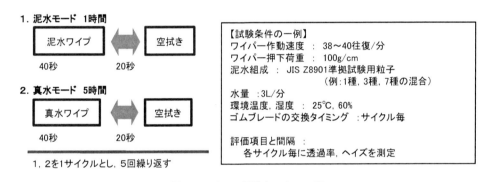

図7 ワイパー試験シーケンス例

ズ値を測定できるよう，試験片は100 mm×100 mmの測定に適したサイズとし，複数の試験片を同時に試験できるよう，ワイピングステージ上に埋め込み装着できるようになっている。ワイピングステージは，実使用状態を模擬できるよう0～90°の範囲で傾斜させることができる。泥水は，例えばJISで規格化された試験用粉体[1]（JIS Z8901）の中から数種類を選択し，所定の配合でブレンドしたものを使用する。表3に試験用粉体の種類と組成を示す。試験用粉体の種類と配合比は，目的と使用用途などを勘案し，各社独自に決められているのが実情である。

図8はハードコート膜におけるワイパー試験結果の一例である。ヘイズ値の変化（ΔH）は，ガラスが最も小さく，次いで光改質したハードコート，通常ハードコート，ポリカーボネート基材の順で大きく，テーバー試験結果と同様の傾向となっている。ワイパー試験に使用する試験粉体によっては，特定種類の試験粉体のみが沈殿し，長時間にわたる試験中に粉体組成が変化することがある。適度な撹拌や，調製された泥水の追加や交換などの配慮が必要となる。

自動車への展開を見据えたガラス代替樹脂開発

表3 試験用粉体（JIS Z8901）

種別	材料	中位径（D50）μm	化学組成（wt%）
1種	珪砂	185〜200	SiO_2：95
2種	珪砂	27〜31	「Fe_2O_3, Al_2O_3, TiO_2, MgO,
3種	珪砂	6.6〜8.6	強熱減量」：合計3以下
4種	タルク	7.2〜9.2	SiO_2：60〜63 Fe_2O_3：0〜3 Al_2O_3：0〜3 CaO：0〜2 MgO：30〜34 強熱減量：3〜7
5種	フライアッシュ	13〜17	
6種	普通ボルトランドセメント	24〜28	
7種	関東ローム	27〜31	SiO_2：34〜40 Fe_2O_3：17〜23
8種	関東ローム	6.6〜8.6	Al_2O_3：26〜32 CaO：0〜3 MgO：0〜7 TiO_2：0〜4 強熱減量：0〜4
9種	タルク	4.0〜5.0	4種に同じ
10種	フライアッシュ	4.8〜5.7	
11種	関東ローム	1.6〜2.3	7種に同じ
12種	カーボンブラック	－	ヨウ素，DBP吸着量で規定
13種	欠番		
14種	欠番		
15種	試験用粉体8種，12種，コットンリンタの混合材料	－	8種：72 12種：23 コットンリンタ：5
16種	重質炭酸カルシウム	3.6〜4.6	CaO：54〜56
17種	重質炭酸カルシウム	1.9〜2.4	MgO：0〜3 SiO_2：0〜4 Al_2O_3：0〜3 Fe_2O_3：0〜1 強熱減量：42〜45

4.2.4 耐傷性，耐擦傷性評価における判定基準設定のポイント

　耐傷性を評価するためのいくつかの方法を説明してきた。最後に耐傷性の判定基準について考察する。耐傷性の評価方法としては，以上に説明した方法の他に，スガ式摩耗試験機を用いる試験片往復法や，回転ディスク型の摩耗試験法などがあり摩擦や摺動などトライボロジー分野で利用されている[2]。従って，コーティング膜の耐傷性の評価としては，上に説明してきた評価方法が一般的である。

第3章　自動車への展開

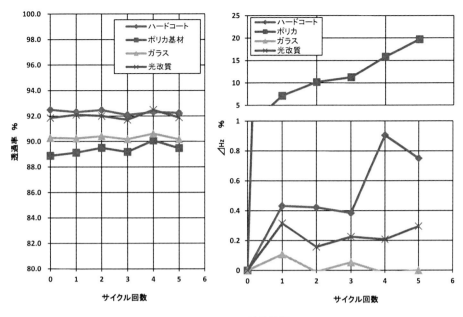

図8　ワイパー試験結果

　判定基準を設定するに当たり，前提として試験結果を安定的に得られるような仕組みが構築されている必要がある。試験機器の整備や校正，試験環境や備品の管理，試料の作製の手順や保管方法，試験の手順や結果のまとめ方など，できる限り定量的で信憑性のある結果を導き出す努力が必要である。その上で判断基準を設定する。まず，コーティング膜を含む製品の実使用環境と試験結果の相関や根拠を得る。テーバー摩耗試験の $\varDelta H \leqq 10\%$ であれば車両の外窓に使用できるか否かの基準は，ユーザーに基準がある場合はそれに従い，なければ双方の検証や考察で取り決める必要がある。車両の場合は，現行無機ガラスの耐傷性を基準に論議される場合が多い。耐傷性において無機ガラスに如何に近づくかは永遠の課題のようだが，他の性能や機能との両立の中でどこまで妥協できるかも検討の一つである。

　例えばJIS R3212，ECE#43，ANSI Z26.1のような車両窓ガラスの安全規格（テーバー500回転 $\varDelta H \leqq 10\%$）は，最低限満たすべき基準である。その基準と現行無機ガラスの持つ耐傷性能（テーバー1000回転 $\varDelta H \fallingdotseq 1\%$）との間で決定することになる。

　先に述べたが，耐傷性は，耐久性，耐候性と両立できない関係にある。コーティング膜や層構成における基本設計との絡みもあるが，耐傷性だけを高めるのであれば，硬い膜を厚く成膜するのがよい。コーティング膜に求める性能，機能が多岐にわたるほど両立が難しい。JISやASTM基準のテーバー試験において，テーバー試験値と用途の関係は，概ね表4のように判断される。詳細はユーザー仕様や製造上の実力との詰めが必要なのはいうまでもない。

197

自動車への展開を見据えたガラス代替樹脂開発

表4　テーバー試験値と用途の関係

テーバー回転数（回）	テーバー試験値（⊿H%）	用途
500	≧ 20	内装建築材 遮音壁 機器類の保護パネル 家電，玩具
	< 20	外装建築材，家具 トップライト，カーポート コンパクトディスク 計器パネル
	< 10	照明カバー 建築窓材 計器パネル（バイク等露出） ディスプレー 盾などの防犯用品
	< 5	車両クォータウィンドウ 車両ルーフ，建機ルーフ バイク風防 車両ランプカバー ショーケース外側
1000	< 2	車両リアウィンドウ 可動窓（内外） タッチパネル ヘルメット，ゴーグル 特殊車両ワイパーウィンドウ

4.2.5　傷と剥離

テーバー試験などの耐傷試験においては，初めはコーティング膜表面が削られスジ状の直線的な摩耗痕が発生する。摩耗輪により少しずつ膜が削り取られ，摩耗輪と試験片表面の摩擦が徐々に増大する。この状態では，コーティング膜の耐傷性に守られ，傷付きの進行は緩慢である。さらに傷付きが増大し下地まで到達するような大きさに至ると，局部的に膜の剥離が発生し，次の段階で一気に膜全体の剥離へと進行する。図9にその段階的な推移を示す。剥離に至るような耐傷試験，例えばテーバー試験で500回転〜1000回転の範囲かそれを超える試験は，基材が削られるだけなので試験として意味がない。

4.3　ハードコートの耐候性評価

屋外用途においては無機ガラスと同程度の耐傷付き性の付与とともに，長期間にわたる耐候性の保持がシリコーン系樹脂ハードコートに対して強く求められる性能である。表5に各種用途に対する概略の耐候年数を示す。建築外装材でも最低5年，自動車やバイクなどは10年以上の視

第3章　自動車への展開

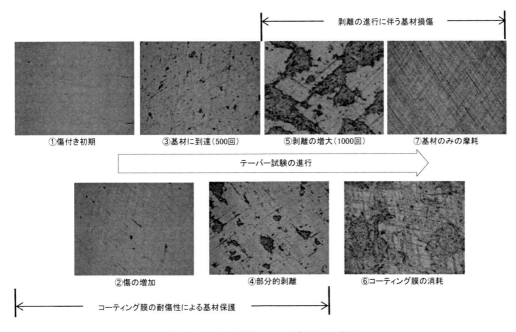

図9　テーバー試験における傷付きの推移

表5　耐候年数と用途

耐候年数 (屋外暴露)	用途
1	内装建築材，屋内照明カバー 機器類の保護パネル 家電，玩具
3	家具，シーラント，ゴム材 カーポート，タッチパネル，ディスプレー ヘルメット，ゴーグル 計器パネル，ショーケース
5	外装建築材，運搬ケース 建築窓材，遮音壁 自動販売機樹脂パネル 盾などの防犯用品
10	車両クォータウィンドウ，特殊車両窓材 バイク風防，屋外照明カバー 車両ランプカバー，計器パネル（屋外露出）
≧15	車両リアウィンドウ 車両ルーフ，太陽電池カバー トップライト

認性確保など安全性が求められる部位では耐候性に対する要求が非常に高い。

　樹脂製品の屋外使用に際しては日光，紫外線の影響が避けられない。PC樹脂は紫外線によって生起する光酸化反応と並行して，光フリース転移に基づく構造の異性化反応が随伴する。この異性化反応によって生じた構造が紫外線吸収剤的な保護作用を示すため，PC樹脂は日光，紫外線に対して優れた耐久性を有する。しかし，長期間の日光，紫外線への暴露はPC樹脂の劣化を招いて黄変，ヘイズ値の上昇，耐衝撃性の低下などが起こる。そこで紫外線吸収剤を配合することによって，PC樹脂の劣化を抑制する。

　シリコーン系樹脂ハードコートについても紫外線の透過によるPC樹脂とプライマーコート層との界面におけるPC樹脂基材表面の黄変劣化，ハードコート層とプライマーコート層との界面における剥離発生やそれに伴う塗膜クラックを抑制するため，プライマーコート層ないしは，プライマーコート層とトップコート層の双方に対して紫外線吸収剤を添加して紫外線吸収能を持たせる工夫がなされている[3,4]。この際に紫外線吸収剤のプライマーコート層ないしは，プライマーコート層とトップコート層の双方への紫外線吸収剤の導入方法，紫外線吸収剤の種類と組み合わせ，添加量，紫外線吸収剤自体の耐久性などを考慮した上で適切な耐紫外線処方を設計する必要がある。耐紫外線処方の設計を誤ると基材樹脂のみならず，シリコーン系樹脂ハードコート自体の耐候性＝耐候年数を損なう懸念がある。

　屋外用途へのシリコーン系樹脂ハードコートを展開するためには，当然のことながら，耐候性評価を実施する必要がある。この耐候性を評価する試験方法としては，屋外暴露試験と促進耐候性試験がある。表6に耐候性試験の種類を示す。図10に当社の敷地内で行っている屋外耐候試験の実例を示す。図11に高照度キセノンアーク（S-XWOM）による促進耐候試験の様子を示す。

　屋外暴露試験は海外ではフロリダやアリゾナ，国内では沖縄のような，日照率が高く低緯度の地域を試験場所に選定して行われる場合が多い。屋外暴露試験は実際の使用環境と異なる点は多々あるものの，実際の太陽光の下で暴露試験を行うので信用のできる結果が得られる。しかし，結果が得られるまでに年レベルという長期間にわたる試験時間を要する。それに対して促進耐候試験は光源としてキセノンアークランプ，オープンフレームカーボンアークランプ，紫外線カーボンアークランプ，紫外線蛍光ランプ，メタルハライドランプなどを用いて試験時間を数百〜数千時間レベルにまで短縮して評価を行うことができる。

　耐候性試験の評価項目は，光学特性変化，色相変化，外観変化，密着力変化が一般的である。表7に耐候性試験における評価項目を示す[5,6]。

4. 3. 1　耐候性試験におけるハードコートの劣化

　図12に耐候性試験におけるハードコートの劣化機構を模式的に示す。ハードコート層を形成するシリコーン系樹脂は紫外線を透過させるため，ハードコート層とプライマーコート層との界面に対する紫外線の影響が大きい。一般的にハードコートの劣化はタイプAに示すマイクロクラックの発生によって開始される。マイクロクラックの生長進行とともにヘイズ値の上昇を招く。さらに膜内部への紫外線の透過によってハードコート層とプライマーコート層との界面にお

200

第3章　自動車への展開

表6　耐候試験の種類

形式	種類	略称	特徴
大気暴露	屋外暴露試験		太陽光に直接暴露し耐候性能を調べる試験方法。直接的だが結果を得るのに長期の歳月が必要。気候や気象条件に依存するため、試験を実施する場所選びが必要。（アリゾナ、フロリダなど）JIS K7219
	太陽光集光暴露試験	EMMQUA	太陽光の集光により、屋外暴露試験を促進したもの。追尾機構など大掛かりな設備が必要。
促進暴露	キセノンアーク	XWOM	安定で再現性に優れる。メンテナンス性も高い。太陽光のスペクトルに近い。JIS K 7350-2 (ISO 4892-2)
	高照度キセノンアーク	S-XWOM	キセノンランプを高照度化し、促進性を高めた方式。
	サンシャインカーボンアーク	SWOM	古くから利用されている。データ蓄積があり屋外暴露との相関性も高い。キセノンアークへ移行が進む。JIS K 7350-4
	紫外線カーボンアーク		繊維などの堅牢性試験に利用される。
	紫外線蛍光ランプ	QUV	設備がコンパクトで省エネ・低コスト。米Qパネル社が有名。線光源で安定。
	水銀ランプ		退色試験法など、限定された材料や用途で使用されている。JIS K5572
超促進暴露	メタルハライド	SUV	加速試験としては桁違いに大きい。波長が紫外～可視光に集約し、熱による影響が少ない。屋外暴露との相関が取りにくい。

図10　屋外耐候試験の例

図11　促進耐候試験の一例（S-XWOM）

201

表7　耐候試験における評価項目

項目	評価項目
外観	ボイド，しわ，剥離，寸法
光学特性	光線透過率，ヘイズ（曇価），光沢度 色度（色差），黄色度（黄変度）
機械特性	耐衝撃性，曲げ強度，引張強度 耐摩耗，硬度，密着
化学的変化	FT-IR，XPS，TG-DTA，耐薬品性

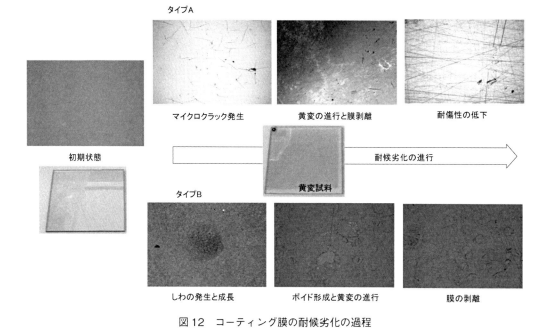

図12　コーティング膜の耐候劣化の過程

ける剥離，PC樹脂基材の黄変へと至る一例である。タイプBに示した劣化機構はマイクロクラックの発生を経ること無く，膜に発生したしわがボイドに生長して最終的に剥離へと繋がる一例である。

PC樹脂単体，2種類のシリコーン樹脂系ハードコートを使用した促進耐候試験結果の一例を示す。PC樹脂は耐候性グレードを使用した。シリコーン樹脂系ハードコートAとBとの相違点は，前者がプライマーコートおよびハードコートの両方に耐紫外線処方を施しており，後者はプライマーコートにのみ耐紫外線処方を施したものである。

図13にヘイズ値の経時変化を，図14に黄変度（以後，$\varDelta$YIと記す）の経時変化を示す。PC樹脂のヘイズ値および$\varDelta$YIは試験開始より経時的に増加しており，PC樹脂に対する紫外線の影響を示唆している。図15に光学顕微鏡によるPC樹脂表面の経時変化を観察した結果を示す。

試験開始500時間後のPC樹脂表面には既に多数のマイクロクラックが発生しており，その後

第 3 章　自動車への展開

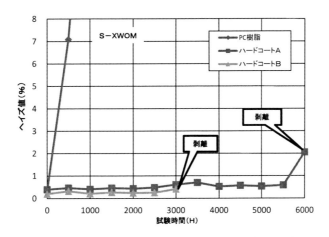

図 13　耐候性試験におけるヘイズ値の経時変化の一例

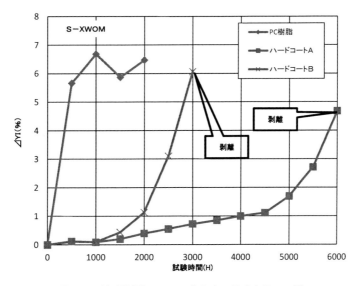

図 14　耐候性試験における黄変度の経時変化の一例

もマイクロクラックが経時的に増加していく様子が分かる。一般的に⊿YIが5を超えるとPC樹脂基材の劣化が顕著になり，耐衝撃性などの機械的物性に強く影響を及ぼし始める。

図 16 にハードコート A 表面の経時変化，図 17 にハードコート B 表面の経時変化を示す。ハードコート A はハードコート層とプライマーコート層の両方に対して耐紫外線処方が施されるとともに，ハードコート層およびプライマーコート層の膜厚，ハードコート層を形成するシリコーン系樹脂の組成や硬度，プライマーコート層を形成するアクリル系樹脂の組成や硬度などが環境試験の三大因子である「光」，「水」，「熱」に対して高い耐性を示すように最適化された結果，ハードコート層の劣化を招くマイクロクラックの発生から塗膜の剥離に至るまでの時間が PC 樹脂単

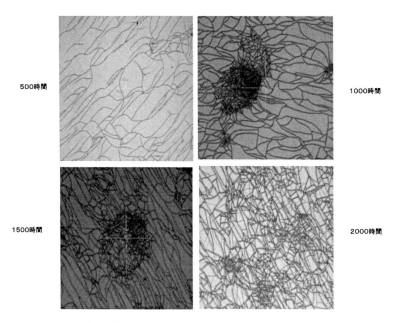

図15 促進耐候試験におけるPC樹脂表面の経時変化（20倍）

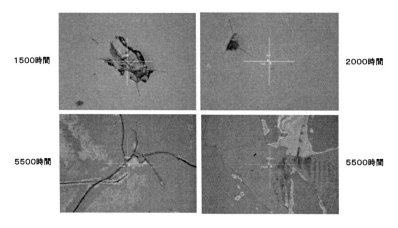

図16 促進耐候試験におけるハードコートA表面の経時変化（20倍）

体，ハードコートBよりも非常に長く，長期耐候性に優れた結果となっている．それに対してハードコートBは耐紫外線処方も含めた高耐候性ハードコートとしての全体的な設計がハードコートAに比較すると最適化されていないことがハードコートAよりも短い時間で劣化に至った一例と言える．図18に5500時間経過後のハードコートA，3000時間経過後のハードコートBの試験片外観を示す．両者の黄変度の違いが一目瞭然である．

第3章　自動車への展開

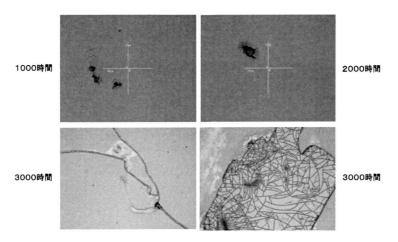

図17　耐候促進試験におけるハードコートB表面の経時変化

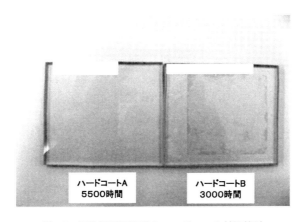

図18　促進耐候試験後のハードコート外観比較

　建機および車両分野における高度な透視視認性を長期間にわたって保持するためには，耐傷付き性とともに耐候性が重要不可欠である。そのためにはハードコートの劣化に繋がるマイクロクラックの発生を如何に抑制するか，如何に発生を遅らせるかが重要である。耐候性試験を行う際には，この点を重要視することが最も重要であると言える。

4.4　おわりに
　ハードコート硬度と耐候性の観点から事例を交えて紹介してきた。ハードコートに必要不可欠な性能は耐傷付き性であることは言うまでもないが，車両分野にも樹脂ガラスが進出してきた昨今においては耐候性も必要不可欠な性能である。樹脂ガラスは無機ガラスよりもデザインの自由度が高く，今後も広く使用されていくと考える。しかし，同時に高度な成形技術や塗工技術が求

められることは必須である。この分野の技術の高度化に合わせた，ハードコートの新しい評価技術の開発も強く望まれており，今後の開発が期待される。

文　　献

1) 日本工業規格 JIS　Z8901：試験用粉体および試験用粒子
2) H. Yoon, T. Sheiretov, C. Cusano, "Tribological evaluation of some aluminum-based materials in lubricant/refrigerant mixtures", WEAR218, 51-65 (1998)
3) 本間精一，自動車窓ガラスの樹脂化【樹脂グレージング】，pp.35-48，技術情報協会（2010）
4) 帆高寿昌，工業材料，1月号，35-40（2013）
5) M. E. Nichols, C. A. Peters, *Polymer Degradation and Stability*, **75**, 439-446（2002）
6) 河野房雄，今井秀秋，塗膜耐候性の早期評価方法，第14回マテリアルライフ学会研究発表会（2003）

自動車への展開を見据えた
ガラス代替樹脂開発

2018 年 11 月 30 日　第 1 刷発行

監　　修	西井　圭	(T1100)
発 行 者	辻　賢司	
発 行 所	株式会社シーエムシー出版	
	東京都千代田区神田錦町 1－17－1	
	電話 03 (3293) 7066	
	大阪市中央区内平野町 1－3－12	
	電話 06 (4794) 8234	
	http://www.cmcbooks.co.jp/	
編集担当	井口　誠／門脇孝子	

〔印刷　倉敷印刷株式会社〕　　　　　　　　　　　　　ⒸK. Nishii, 2018

本書は高額につき，買切商品です。返品はお断りいたします。
落丁・乱丁本はお取替えいたします。

本書の内容の一部あるいは全部を無断で複写（コピー）することは，
法律で認められた場合を除き，著作者および出版社の権利の侵害
になります。

ISBN978-4-7813-1400-6　C3043　¥84000E